Ernährung und Pflege des Säuglings

Ein Leitfaden für
Mütter und zur Einführung für Pflegerinnen
unter Zugrundelegung des Leitfadens von Pescatore

bearbeitet von

Professor Dr. Leo Langstein

Präsident des Kaiserin Auguste Victoria-Hauses, Reichsanstalt
zur Bekämpfung der Säuglings- und Kleinkindersterblichkeit
in Berlin

Neunte, veränderte Auflage
(158.—174. Tausend)

Berlin
Verlag von Julius Springer
1930

Alle Rechte, insbesondere
das der Übersetzung in fremde Sprachen,
vorbehalten.

ISBN-13: 978-3-642-47225-1   e-ISBN-13: 978-3-642-47592-4
DOI:10.1007/978-3-642-47592-4

Preis einzeln RM 1.50.
Von 20 Exemplaren an je RM 1.40.
„   50   „   „ „ „ 1.30.
„ 100   „   „ „ „ 1.20.

Vorwort zur achten Auflage.

Die achte Auflage erscheint nach vollständiger Umarbeitung. Sie soll dem von mir erstrebten Ziel gerecht werden, das zu bringen, was die Mutter von der Ernährung, Pflege, Krankheitsverhütung wissen soll. Diejenigen Frauen, welche den Beruf der Säuglingspflegerin ergreifen, sollen auf Grundlage dieses Buches in den Stoff eingeführt werden. Besonderer Wert ist auf die Anleitung zur genauen Beobachtung des Säuglings gelegt — ihr ist ein besonderer Abschnitt gewidmet —, ebenso wie den Situationen, in denen die Pflegende auf eigene Verantwortung handeln darf und soll.

Ich gebe der Hoffnung Ausdruck, daß das Büchlein auch in diesem neuen Gewande eine günstige Aufnahme findet.

Charlottenburg, im Dezember 1922.

Langstein.

Vorwort zur neunten Auflage.

Die neunte Auflage enthält die durch neue Feststellungen und Erfahrungen bedingten Veränderungen. Auch ist in ihr nach Möglichkeit der Beantwortung zahlreicher an mich gerichteter Anfragen Rechnung getragen worden. Ich habe mich dabei bemüht, den Umfang der vorhergehenden Auflage nicht zu überschreiten, um dem Säuglingspflegebuch den ihm von Pescatore gegebenen Charakter zu wahren, dem er wohl seine weite Verbreitung verdankt.

Berlin, im August 1930.

Langstein.

Inhaltsverzeichnis.

Einleitung.

Die Sterblichkeit der Säuglinge ist im Deutschen Reiche immer noch hoch, wenn sie auch in dem letzten Jahrzehnt dank der Verbesserung der Säuglingsfürsorge erheblich abgenommen hat. Über 100000 Kinder sterben jährlich, bevor sie das erste Lebensjahr erreicht haben, und sie kamen doch größtenteils lebensfähig zur Welt. Ihr Leben wäre erhalten worden, wenn man sie richtig ernährt und gepflegt hätte. Während in anderen Ländern, z. B. in Norwegen nur 4,8, in Schweden nur 6,2 von 100 geborenen Kindern im Säuglingsalter starben, waren es im Jahre 1929 im Deutschen Reiche 9,6, und es gibt jetzt noch Bezirke, in denen die Säuglingssterblichkeit die Höhe von 13% erreicht, d. h. jedes 7. bis 8. Kind ist, nachdem es kaum das Licht der Welt erblickt, vielfach unsägliche Schmerzen erduldet hat, dem Tode verfallen, hingemäht auf dem Felde des Elends, der Unvernunft, der Gleichgültigkeit, oft ein Opfer der Unwissenheit in den einfachsten Fragen der Säuglingsernährung und Säuglingspflege.

Ist es nicht für jeden einzelnen eine selbstverständliche sittliche Pflicht, nach Mitteln zu sinnen, wie diesem Massentod lebensfähiger Wesen ein Ziel gesetzt werde?

Zuerst müssen wir aber die Frage beantworten, die in unserem Zeitalter vielfach gestellt wird, ob es denn überhaupt im Interesse der Menschheit liege, alle Geborenen zu erhalten, ob man damit nicht gegen das sogenannte Gesetz der natürlichen Auslese verstoße, demzufolge die Natur selbst es übernimmt, die minderwertigen Individuen zu beseitigen, um den kräftigen und gesunden den Platz frei zu machen und so die Rasse zu vervollkommnen.

Diese Erwägung schiene beachtenswert, wenn tatsächlich die Sterblichkeit der Säuglinge nur die schwächlichen, nicht lebensfähigen beträfe. Wäre das der Fall, müßte die Sterblichkeit in jenen Gegenden, in denen die des ersten Lebensjahres groß ist, in den folgenden Jahren besonders gering sein, da ja die Schwächlinge schon vorher beseitigt waren und nur die Kräftigen übrigblieben. Aber die Nachforschung ergab gerade das Gegenteil. Sterben viele Säuglinge in einer bestimmten Gegend, so fordern auch die dem Säuglingsalter folgenden Jahre eine größere Zahl von Opfern. Das erklärt sich dadurch, daß die Schädlichkeiten, die so viele Kinder des ersten Jahrganges dahinraffen, auch die Überlebenden in ihrer Gesundheit schädigen, so daß sie weniger widerstandsfähig bleiben. So hat die Sterblichkeit der Säuglinge im allgemeinen mit natürlicher Auslese nichts zu tun. Die Mehrzahl der Opfer wird lebenskräftig geboren und geht durch vermeidbare Schädigungen zugrunde. Wir haben es nicht mit einer natürlichen, sondern mit einer durch Menschenhand vollzogenen künstlichen Auslese zu tun.

Der Säuglingsschutz ist also eine unbedingte Notwendigkeit; er sucht den großen Verlust an Volkskraft und Volksvermögen, der durch die hohe Sterblichkeitsziffer bedingt ist, zu beseitigen. Voraussetzung für das Erreichen unseres Zieles ist die Aufklärung der Mütter über das, was dem Säugling bezüglich der Ernährung, Pflege und Erziehung nottut.

Körperbau, Funktionen und Entwicklung des Säuglings.

Der Säugling ist durchaus nicht die einfache Verkleinerung des Erwachsenen, weder im Äußeren noch im feineren Bau und den Leistungen der inneren Organe.

Sehen wir ihn uns einmal genauer an, den kleinen Menschen. Arme und Beine zu kurz, der Leib zu voll, die Brust walzenförmig und schmaler als der Schädel, der Kopf zu groß, der Hals kaum vorhanden.

Stört uns dies? Bildet nicht vielmehr dieses eigenartige Verhalten, die Unbeholfenheit der Bewegungen im Verein mit dem auffallenden Glanz der großen Augen, der zarten Haut und dem weichen Haar, dem erstaunten Gesichtsausdruck den Liebreiz des Kindes?

Das eben geborene Kind ist das hilfloseste Wesen, das es gibt. Ein Kücken kann gleich umherlaufen und sich Nahrung suchen, der junge Hund krabbelt, obschon er blind ist, hierhin und dorthin und schmiegt sich an die Mutter an; das Kind ist ganz auf fremde Hilfe angewiesen. Es bleibt liegen, wohin man es legt; es hat weder Federn noch Pelz, es friert. Neun Monate war es von der stets gleichen Temperatur des mütterlichen Organismus umgeben, wurde es von dessen Säftestrom ernährt. Und nun auf einmal diese Veränderung! Die Wärme der Umgebung sinkt plötzlich von 37° auf etwa 19° C, der Blutstrom der Nabelschnur wird unterbunden; das hilflose Wesen muß atmen, und ins Innere der Lungen tritt die kalte Außenluft. Zur Nahrungsaufnahme hat es anfangs weder Lust noch Kraft; es muß sich erst durch einen langen erquickenden Schlaf von seinem Schrecken erholen.

Als Neugeborenes wird das Kind bezeichnet, solange der Nabel= schnurrest noch haftet bzw. die nach dem Abfall vorhandene Wunde noch nicht überhäutet ist, also während der ersten 14 Tage. Die Nabelschnur besteht im wesentlichen aus 3 Adern, die die Ernährung des Kindes bis zur Geburt vermittelt haben. Durch die beiden Nabel= schlagadern (Arterien) pumpt das kindliche Herz das verbrauchte Blut in den in der Gebärmutter liegenden Fruchtkuchen. Hier wird es gereinigt, mit den zum Leben nötigen Stoffen beschickt und durch die Nabelblutader (Vene) dem Körper wieder zugeführt. Normalerweise trocknet der Nabel= schnurrest in der ersten Woche ein, fällt ungefähr am 5. bis 6. Tage von selbst ab. Es bleibt eine wunde Fläche bestehen, die sich nach weiteren 8 Tagen überhäutet hat und den bleibenden Nabel bildet.

Als Frühgeborenes wird ein Kind bezeichnet, das zwischen der 28. und der 39. Schwangerschaftswoche geboren wird (in der 40. ist es „ausgetragen"), und dessen Gewicht höchstens 2500 g beträgt. Werden diese Kinder mit einem Anfangsgewicht unter 1500 g geboren, lassen sie sich nur schwierig aufziehen. Doch sind schon solche unter 1000 g am Leben erhalten worden.

Gewicht. Das Anfangsgewicht des ausgetragenen Neugeborenen be= trägt im Durchschnitt bei Knaben 3300 g, bei Mädchen 3100 g. In den ersten 4 bis 5 Tagen nimmt das Gewicht gewöhnlich um zwei= bis dreihundert Gramm ab und erreicht erst in der zweiten oder dritten Woche den Anfangswert wieder.

Um einen beiläufigen Anhaltspunkt für die Gewichtszahlen in jedem einzelnen Monat zu haben, können Sie sich folgendes merken:

Das Gewicht ist bis zum 5. Monat gleich der Monatszahl $\times$ 600 ad= diert zum Anfangsgewicht, dann bis zum ersten Jahre gleich der Monats= zahl $\times$ 500 addiert zum Anfangsgewicht. Z. B. Anfangsgewicht 3000. Wie groß ist das Gewicht im 4. Monat? Anfangsgewicht 3000, Monats= zahl 4, also Gewicht im 4. Monat $= 3000 + (4 \times 600) = 5400$. Wie groß ist das Gewicht am Ende des 5. Monats? Anfangsgewicht 3000, Monatszahl 5, also Gewicht am Ende des 5. Monats $= 3000 + (5 \times 600) = 6000$. Wie groß ist das Gewicht im 12. Monat? Anfangsgewicht 3000, Monatszahl 12, also Gewicht im 12. Monat $= 3000 + (12 \times 500) = 9000$. Merken Sie sich also, daß das Gewicht nach $^1/_2$ Jahr sich gewöhnlich verdoppelt, nach 1 Jahr mindestens verdreifacht, ferner daß es nach 6 Jahren sich gewöhnlich versechsfacht, nach 12 Jahren verzehnfacht.

Die Körperlänge beträgt bei der Geburt in der Regel 50 cm, nach einem Jahr ungefähr 71 cm.

Der Kopf trägt schon ganz reichliches, meist dunkles Haar, das jedoch oft nach einigen Wochen wieder ausfällt und anderem, oft hellerem Platz macht. Nicht selten ist allerdings anfangs der Haarwuchs sehr spärlich und entwickelt sich erst im Laufe der Säuglingszeit kräftig. Der Umfang des Kopfes beträgt bei der Geburt ungefähr 35 cm.

Die Schädelknochen sind zwar fest, doch gegeneinander verschieb= bar. Man erkennt ganz deutlich die einzelnen Knochenplatten. Zwischen diesen befinden sich die häutigen „Nähte“ und die „Fontanellen“ (Lücken), vorn die große und hinten die kleine. Die Nähte sind am Ende des ersten Halbjahres verknöchert. Die große Fontanelle schließt sich normalerweise am Ende des ersten bzw. Beginn des zweiten Lebensjahres. Verspäteter Fontanellenschluß ist ein krankhaftes Zeichen und deutet meist auf eng= lische Krankheit.

Augen. In den ersten 14 Tagen ist das Neugeborene noch lichtscheu. Es muß sich erst langsam an den Übergang von der Finsternis, in der es bisher gewesen, an des Lebens Sonnenschein gewöhnen. Die Bewegungen der Augen sind anfangs ganz ungeordnet. Die Augäpfel drehen sich nicht gleichsinnig, ein zeitweiliges Schielen ist nicht beängstigend. Erst nach der sechsten Woche beginnt das Kind zu fixieren, d. h. einem vorgehaltenen glänzenden Gegenstand mit dem Blicke zu folgen. Tränen beobachtet man erst im dritten Monat.

Gehör. Das Neugeborene scheint taub. Nach zwei bis drei Wochen schreckt es auf laute Geräusche leicht zusammen und nach zwei Monaten dreht es das Köpfchen der Richtung des Schalles zu.

Zahnentwicklung. Zu Beginn des zweiten Halbjahres erscheinen zunächst die beiden unteren mittleren Schneidezähne, etwa 6 bis 8 Wochen später kommen die entsprechenden oberen und daran anschließend daneben die oberen äußeren Schneidezähne. Im 10. bis 12. Monat brechen auch die unteren äußeren Schneidezähne durch. Ein einjähriges Kind soll also seine 8 Vorderzähne vollzählig haben, erst am Ende des zweiten Jahres ist das Milchzahngebiß (20 Zähne) vollständig.

Die leider so ungeheuer tief eingewurzelten falschen Anschauungen, die über das Zahnen herrschen, haben schon vielen Kindern das Leben gekostet. Daß der mit dem Durchbrechen eines Zahnes bisweilen ver= bundene Speichelfluß und die vielleicht vorhandenen Schmerzen in einigen Fällen geringgradige Störungen z. B. unruhigen Schlaf mit sich bringen könnten, wollen wir nicht bestreiten. Niemals aber ist das Zahnen Ursache irgendeiner Erkrankung, weder von Fieber noch von Krämpfen, Hautausschlägen oder Durchfall. Zahnungskrankheiten gibt es nicht. Stets liegt bei Vorhandensein einer Erkrankung ein anderer Grund vor als das „Zahnen". Wie denkt aber das Volk? Da die Vorbereitungen der Zahnentwicklung am ersten Lebenstage schon im Gange sind und das erste Gebiß erst am Ende des zweiten Jahres vollendet ist, so können für den Sorglosen und Bequemen alle nur denkbaren Krankheiten der beiden ersten Lebensjahre auf „schweres Zahnen" zurückgeführt werden. Der vermeintliche Nutzen der Zahnhalsbänder und ähnlicher mit großer Reklame verbreiteter Handelsartikel beruht natürlich auf Aberglauben. Sie nützen durchaus nicht, können aber schaden, da sie schwer sauber zu halten sind.

Der Brustkorb ist walzenförmig, auf dem Durchschnitt also rund. Er plattet sich erst im Laufe der Entwicklung allmählich von vorn nach hinten ab. Der Brustumfang beträgt beim Neugeborenen ungefähr 33 cm, ist also etwas kleiner als der des Kopfes. Erst gegen Ende des Jahres sind beide Zahlen annähernd gleich, etwa 45 cm. Der Rhythmus der Atmung ist in den ersten Wochen unregelmäßig und wird erst mit fortschreitendem Alter gleichmäßiger. In den ersten Monaten beträgt die Zahl der Atemzüge 30 bis 60, im zweiten Jahre 25 bis 30 in der Minute. Das Herz schlägt beim Neugeborenen 120 bis 135 mal in der Minute, am Ende des ersten Jahres hat sich die Zahl der Pulsschläge auf 100 bis 120 vermindert. Atmung und Puls werden durch Bewegungen, Schreien, Erregung stark beeinflußt. Die Brustdrüsen des Neugeborenen schwellen oft erheblich an und sondern eine milchähnliche Flüssigkeit, Hexenmilch genannt, ab. Die Schwellung verschwindet von selbst. Es ist gefährlich, an den geschwollenen Brustdrüsen herumzudrücken, da deren Entzündung die Folge sein kann.

Die Bauchdecken liegen in der Höhe des Brustkorbes. Sie sind beim gesunden, zweckmäßig ernährten Kinde weder eingesunken noch hervorgewölbt.

Der Darm ist beim Säugling 6 mal so lang als der Körper (beim Erwachsenen nur 4½ mal so lang).

Der Stuhl der ersten Tage ist schwarz-grün und zäh und wird Mekonium (Kindspech) genannt. Der Stuhl des gesunden Säuglings ist gelb und salbenartig und wird 2 bis 3 mal am Tage entleert. Häufung und Veränderung der Beschaffenheit der Stühle können Zeichen einer Verdauungsstörung sein und erfordern ärztlichen Rat (vergleiche Seite 62).

Der Urin ist klar und farblos, wird während des Wachens außerordentlich häufig, während des Schlafes seltener entleert. Die täglich entleerte Menge beträgt ⅔ der aufgenommenen Flüssigkeit. Ein Kind im zweiten Halbjahre, das ungefähr einen Liter trinkt, würde also beispielsweise in 24 Stunden 600 g Urin entleeren.

Die Haut des Säuglings ist sehr zart und empfindlich. Beim gesunden Kind ist sie überall reichlich mit Fettgewebe unterpolstert, das dem Kinde seine runden Formen gibt. Anfänglich trägt die Haut besonders an den Schultern und Armen feinste Wollhärchen. Die Hautfarbe ist zunächst krebsrot, später rosig und glatt. Bei der Mehrzahl der Kinder tritt am zweiten oder dritten Tag Gelbfärbung der Haut auf, bald nur angedeutet, bald stärker, die ungefähr eine Woche andauern kann. Eine nach 3 bis 4 Tagen eintretende mehr oder weniger starke Schuppung verschwindet allmählich.

Die Nägel sind schon beim ausgetragenen Neugeborenen vollkommen ausgebildet und reichen bis an oder über die Finger- und Zehenspitzen.

Muskeln. Erst im 4. Monat ist die Muskulatur so weit entwickelt, daß das Kind den Kopf aufrecht halten kann. Sitzversuche sollten nicht eher unternommen werden, als bis das Kind sich selbst aufsetzt, was nicht vor dem 7. Monat der Fall ist! Zur gleichen Zeit erfolgen die ersten Kriechversuche, und im 9. Monat kann das Kind sich gewöhnlich an einem Gegenstand aufrichten. Das freie Gehen gelingt dem Kinde zumeist zu Anfang des zweiten Jahres.

Die Körperwärme, im Darm gemessen, schwankt zwischen 36,6 und 37,3° bei gesunden Säuglingen. Frühgeborene Kinder können ihre Eigenwärme nur schwer halten und neigen deshalb leicht zu Untertemperaturen.

Ernährung des gesunden Säuglings[1].
Die natürliche Ernährung.

Eine Mutter, die ihr Kind stillen kann und es nicht tut, verdient nicht den Namen einer Mutter. Das Stillen, durch die Natur geadelt und geheiligt, bei dem die Mutter von ihrem eigenen Saft in innigster Berührung von Körper zu Körper ihrem Kinde zu trinken gibt, weckt erst recht eigentlich das Gefühl der tiefen Mutterliebe, die der Mutter die Kraft verleiht, sich für ihr eigen Fleisch und Blut aufzuopfern, jetzt und ihr ganzes Leben, was auch kommen mag. Käme denn etwas der Muttermilch gleich? Die Milch und das Herz einer Mutter lassen sich niemals ersetzen!

---

[1] An der Hand von Bildern und leicht verständlichen Vorschriften kann jede Mutter sich das Wissen über eine zweckentsprechende Ernährung aus der „Ernährungsfibel für Mutter und Kind" erwerben. (Schadenverhütung-Verlagsgesellschaft, Berlin-Tempelhof, Albionstraße 130/132. Preis 50 Pf.)

Die Zahl der Todesfälle unter den an der Brust genährten Säuglingen beträgt nur die Hälfte im Vergleich mit den künstlich genährten.

In früheren Zeiten dachte kein Mensch daran, dem Kinde etwas anderes vorzusetzen, als was einzig für dieses geschaffen war. Je weiter man in der Kultur fortschritt, je mehr sich die chemische Industrie entwickelte, desto mehr glaubte man sich über die Natur erhaben und suchte nach Ersatzmitteln für die Frauenmilch, um sich immer wieder von neuem zu überzeugen, daß diese unersetzlich ist.

Den Laien ist es nicht ohne weiteres verständlich, warum Frauen- und Tiermilch so verschieden voneinander sind. Wenn sie lesen, daß der Nährwert ungefähr der gleiche, daß die Bestandteile zwar nicht gleich sind, die Unterschiede sich aber durch die Fortschritte der Wissenschaft zum Teil ausgleichen lassen, so können sie leicht zu der Ansicht kommen, daß es nur noch weiterer Forschungen bedürfe, um eine vollkommene Gleichheit herzustellen. Nichts dürfte irriger sein als diese Meinung; gerade der Fortschritt der wissenschaftlichen Untersuchungsmethoden hat uns in letzter Zeit immer wieder neue Verschiedenheiten auffinden lassen und gezeigt, daß die Milch jeder Tierart ihre ganz besondere „Eigenheit" hat, die nur ihr allein zukommt, und die nie von Menschenkunst wird nachgeahmt werden können.

Und betrachten Sie auch die Gewinnung: Die Muttermilch ist stets lebensfrisch und lebenswarm, nie verunreinigt, nie zersetzt. Wie wird dagegen die Kuhmilch oft mißhandelt! Sehen Sie sich so einen dumpfigen Bauernstall einmal an, die Kuheuter, die Hände des Melkers, die Milchgefäße. Dazu kommt dann noch die oft unsaubere und verkehrte Behandlung im Hause. Der gewaltige Unterschied leuchtet ein.

Wie mag es nur kommen, daß viele Mütter nicht oder nur ganz kurze Zeit stillen? Die Ursachen sind in vielen Fällen Unwissenheit und schlechte Ratgeber.

Als Entschuldigung für die Unterlassung des Stillens wird Milchmangel, wird die fortschreitende körperliche Entartung der menschlichen Rasse auf Kosten der zunehmenden geistigen Entwicklung angeführt. Wir wollen sehen, wie es sich in Wirklichkeit verhält. Überall dort, wo Mütter unter sachverständiger ärztlicher Leitung zum Stillen angehalten werden, hat sich die überraschende Tatsache ergeben, daß 80—90% der Mütter mindestens einige Monate lang stillen können. Ja, es gibt Frauen, bei denen die Milchproduktion mehr als ein Jahr anhält, andere, die monatelang 2 Liter Milch täglich und mehr haben, auf diese Weise 2 bis 3 Kinder ernähren und ihnen so das Leben retten.

Allerdings gibt es auch Frauen, die zu dem Zeitpunkt, da sie zum Arzt kommen, wirklich nicht mehr stillen können, doch das ist fast stets von ihnen selbst verschuldet. Sie haben eben gegen die Gesetze verstoßen, nach welchen die Brustdrüse arbeitet. Darüber einige Worte:

Sie wissen alle, daß jedes Körperorgan durch Übung zu erhöhter Leistungsfähigkeit gebracht werden kann. Der Schmiedegeselle, der den ganzen Tag seine Armmuskeln anstrengt, kann ganz andere Lasten heben als der Mensch, der nur am Schreibtisch sitzt. Auch für die Milchdrüse gibt es eine Übung, die sie zu erstaunlicher Leistungsfähigkeit anregen kann. Das ist das Saugen. Die Stärke der Milchabsonderung steht oft in direktem Verhältnis zum Saugreiz. Je kräftiger dieser wirkt, je gründlicher bei jedem Stillakt die Brust entleert wird, desto größer wird die Ergiebigkeit an Milch. Im allgemeinen läßt sich sagen, die Milchabsonderung stellt sich auf das Bedürfnis des Säuglings ein. Will also eine Mutter, die ein Kind hat, dessen Saugkraft durch Ungeschicklichkeit oder Schwäche gering ist, diesem genügend Milch zuführen und ihre Milchabsonderung steigern, so kann sie das tun, indem sie nach jedem Trinkakt ihre Brust mit der Hand oder einer ihr vom Arzt empfohlenen Milchpumpe entleert. Ein anderes Mittel wäre, daß sie außer ihrem eigenen Kinde ein anderes anlegt, das kräftig saugt. Natürlich darf es nur ein ganz gesundes Kind sein. Die Wirkung des Saugreizes kann so mächtig sein, daß bei Frauen, die geglaubt haben, zum Stillen unfähig zu sein und es daher unterlassen haben, auch wenn mehrere Wochen bereits vergangen sind, die Milchsekretion wieder einsetzt und allmählich so viel Milch produziert wird, daß das Kind tadellos gedeiht. Freilich setzt ein solches Ergebnis unermüdliche Hingabe der Mutter, des überwachenden Arztes bzw. der Pflegerin voraus. Auch ist ein solcher Erfolg nicht immer zu erzielen; deswegen müssen triftige Gründe dafür vorhanden sein, bevor eine Mutter sich entschließen darf, ihr Kind abzusetzen. Sie darf niemals ihrem eigenen Ermessen folgen, sondern der Arzt hat die Entscheidung zu treffen; denn mit dem Aufhören des Stillens kann unter Umständen der Born des Lebens für immer versiegen.

Um durch die Stillung Mutter und Kind segensreich zu beeinflussen, ist eine einwandfreie Stilltechnik Voraussetzung. Das neugeborene Kind, das den ersten Tag fast ununterbrochen schläft, wird zum erstenmal angelegt, wenn Unruhe und Schreien auf seinen Hunger hinweisen. Das ist meist nach 12 bis 20 Stunden der Fall. Solange lasse man das Kind ungestört. Bedarf doch auch die Wöchnerin der Ruhe. Erst wenn dieser Genüge geschehen, soll man ihr das Kind zum erstenmal an die Brust legen. Die Säuglinge verhalten sich in bezug auf die Befriedigung ihres Nahrungsbedürfnisses an der Brust sehr verschieden. Manche saugen schon am zweiten bzw. am dritten bis vierten Tage sehr kräftig, andere haben auch am zweiten und dritten Tage noch wenig Lust zum Trinken, sind saugfaul oder saugungeschickt; ja, es bleibt bei ihnen dieser Zustand oft wochenlang bestehen. Bei diesen Kindern kommt die Mutter nur zum Ziel, wenn sie die Stillversuche wochenlang gewissenhaft fortsetzt, im regelmäßigen Anlegen nicht erlahmt, die nicht leer getrunkene Brust jedesmal nach dem Trinkakt mit Hand oder Pumpe entleert oder evtl. einen anderen gesunden saugkräftigen Säugling mit anlegt. In regel= mäßigen Pausen muß das Kind angelegt werden: 5 bis 6mal am Tage alle 3 bis 4 Stunden. In der Nacht sollen Mutter und Kind Ruhe haben. Unter normalen Verhältnissen soll nicht häufiger und auch nicht seltener angelegt werden, doch können im Zustand der Mutter bzw. des Kindes liegende Gründe Ausnahmen erfordern, die jedoch lediglich der Arzt zu bestimmen hat. Frühgeborene Säuglinge, für deren gute Entwick= lung Ernährung mit Frauenmilch unerläßlich ist, sind häufig, wenn auch keineswegs immer, saugschwach oder ungeschickt, und ihre Stillung kann die größten Schwierigkeiten machen. Die abgespritzte Frauenmilch muß solchen Kindern mit Löffel, Pippette, einer Puppenflasche mit kleinstem Sauger, ja selbst mit der Sonde beigebracht we den. Sind die Kinder sehr schlafsüchtig und wachen nicht einmal zur Nahrungsaufnahme auf, müssen sie kurz vor der Mahlzeit mit Wasser angesprengt werden, so daß sie zu schreien beginnen und lebhaft werden. Endlich erreicht man nach viel Mühe und Geduld doch, daß die Kinder an der Brust trinken lernen.

Nahrungspausen von 3—4 Stunden sind bei gesunden Kindern im allgemeinen notwendig, weil der Magen diese Zeit braucht, um die zu= geführte Nahrung zu verarbeiten und in den Darm zu ergießen. Würde man öfter Nahrung geben, dann könnte der Magen in seiner Arbeitskraft allmählich erlahmen, und es käme zu schädlicher Stauung der Nahrung.

Ob zu jeder Mahlzeit beide Brüste oder nur eine Brust gereicht werden sollen, entscheidet die Wägung der aus einer Brust getrunkenen Menge; das gibt sicheren Aufschluß. Wenn in der leergetrunkenen Brust zu wenig Milch vorhanden war, kann bzw. muß auch die andere Brust gereicht werden, die beim nächsten Anlegen zuerst an die Reihe kommt.

Vor jedem Anlegen muß sich die Mutter die Hände gründlich reinigen, weil sonst leicht durch an diesen haftende Keime (Entzündungserreger) Brust und Kind erkranken können. Das gilt ganz besonders für Wöchne= rinnen, deren Wochenfluß für Kind und Brust gefährliche Keime enthält.

Sind die Hände gereinigt, soll die Brust mit reinem Wasser abgewaschen werden. Nach dem Stillen wird die Brust wieder gereinigt und mit einem reinen Leinwandläppchen bedeckt, das täglich zu erneuern bzw. auszukochen ist.

Zur Durchführung der Stillung setzt sich die Stillende am besten auf einen niedrigen Schemel, unterstützt mit der einen Hand Kopf und Rücken des auf ihrem Schoße liegenden Kindes, mit der anderen leitet sie ihre Brust in das Mündchen des Kindes, indem sie sie mit gespreiztem Zeige- und Mittelfinger von dem kleinen Näschen abhält. Ist dieses durch Borken verstopft, so muß es vorher gereinigt werden, damit während des Trinkens die Nasenatmung nicht gehindert ist. Kann der Säugling eine zu kleine und zu tiefliegende Warze schlecht fassen, so versuche man ihm in geschickter Weise einen zusammenzudrückenden Teil des Warzenhofes mit in den Mund zu schieben. Ist das Kind nicht gar zu unbeholfen oder schwach, so wird es sich ganz gut festsaugen können. Allenfalls ist ein Warzenhütchen zu versuchen, das auch bei Schrunden der Warze und damit verbundenen Schmerzen gute Dienste leistet.

Die Trinkzeit des Kindes soll 20—30 Minuten betragen. Ausnahmefälle gestatten 40 Minuten, doch entscheidet darüber der Arzt.

Das gesättigte Kind läßt die Brust los und schläft ein. Es wäre dann ganz verkehrt, es noch weiter zu nötigen. Die Menge der bei jeder einzelnen Mahlzeit getrunkenen Frauenmilch schwankt oft recht beträchtlich. Man darf daher nicht in der Weise die Tagestrinkmenge ermitteln, daß man die einmal mit Hilfe der Wägung ermittelte Menge der Frauenmilch mit der Anzahl der Mahlzeiten multipliziert. Man muß vielmehr zwei Tage lang das Kind vor und nach jeder Mahlzeit wägen und die ermittelten Trinkmengen zusammenzählen. Aus zahlreichen genauen Beobachtungen bzw. Ermittlungen der von einem Brustkind getrunkenen Milchmengen lassen sich gewisse Anhaltspunkte für die Norm geben. Nach Ermittlungen zahlreicher Kinderärzte betragen die Durchschnittswerte der Einzelmahlzeiten:

1. Woche	2. Woche	3.—4. Woche	5.—8. Woche	9.—12. Woche
5—50 g	80—90 g	90—120 g	120—130 g	140 g

	13.—16. Woche	17.—20. Woche	21.—24. Woche
	150 g	160 g	170 g

In den ersten 14 Lebenstagen sind die Trinkmengen oft sehr klein. Sie erreichen in den ersten 4 Tagen nicht einmal 100—200 g, ohne daß aus dieser Tatsache auf Stillunfähigkeit geschlossen werden darf.

In der zweiten Woche beträgt die Menge bei stillfähigen Frauen ungefähr 500 g, steigt in der 8. Woche auf $^3/_4$ Liter, im 4. bis 6. Monat auf 900—1000 g.

Merken Sie sich zur Beurteilung des Stillvermögens, daß die Trinkmenge des Kindes im 2. bis 3. Lebensmonat $^1/_5$—$^1/_6$ seines Körpergewichtes, im 3. bis 6. Monat $^1/_6$—$^1/_7$, später $^1/_8$ seines Körpergewichtes trinkt. Diese Zahlen können Sie leiten, wenn es sich darum handelt, zu entscheiden, ob eine Frau voll stillfähig ist oder nicht, ob zugefüttert werden muß. Jedoch warnen wir Sie davor, lediglich das Ergebnis der Wägung zur Richtschnur Ihrer Beurteilung zu machen; entscheidend sind der Zustand des Kindes, die Art seiner Gewichtszunahme und nicht nur das Ergebnis der Wägung. Denn die Frauenmilchen zeigen Unterschiede in ihren Nährwerten, vor allem infolge der Schwankungen des Fettgehaltes. Hoher Fettgehalt der Frauenmilch kann eine anscheinend zu geringe Milchmenge ausgleichen. So ist das Ergebnis der Wägung der Trinkmengen für die Beurteilung der Stillfähigkeit und einer vorhandenen Störung eines Brustkindes immer nur verwertbar, wenn alle Eigenschaften des Kindes genau beobachtet und berücksichtigt werden, weil nur diese auf den Besitz voller Gesundheit oder auf eine Störung hinweisen.

Es schadet dem Brustkinde nichts, wenn vorübergehend der Nahrungsbedarf durch die produzierte Milchmenge nicht gedeckt ist; aber unter allen Umständen darf das Kind nicht verdursten, und es muß ihm, solange es nicht die genügenden Milchmengen bekommt, Flüssigkeit in Form von Wasser oder schwach gesüßtem Tee zugeführt werden. Das gilt ebenso für die ersten Tage des Lebens, bevor die Milchabsonderung voll in Gang kommt, wenn das Kind nur kleinste Mengen aus der Brust erhält, als auch für jene Perioden, in denen z. B. infolge einer Erkrankung oder gewisser Schwierigkeiten vorübergehend der Nahrungsbedarf nicht voll gedeckt wird. Man gebe dem Kinde die Flüssigkeit aus dem Löffel, und zwar in einer Menge, die die einzelnen Mahlzeiten in bezug auf das dem Kinde zukommende Maß vervollständigt.

Eine Mutter, die stillt, muß ausreichend ernährt werden; aber Überernährung ist schädlich, ebenso wie Unterernährung. Die Stillende soll sich nähren wie sonst, wie sie es gewöhnt ist. Eine übermäßige Zufuhr von dicken Suppen ist zwecklos und verleidet der Mutter das Stillen. Was gern genossen wird und gut bekommt, kann gegessen werden, Sauerkraut und Schweinefleisch nicht ausgenommen, wenn es vertragen wird. Selbstverständlich sind reizende oder alkoholische Getränke möglichst zu vermeiden. Ist aber die Stillende ihr Glas Bier oder ihr Täßchen Kaffee gewöhnt, braucht sie es sich während der Stillung nicht entgehen zu lassen. Das Wohlbefinden des mütterlichen Organismus ist die beste Gewähr für die Güte der von ihm produzierten Säfte, also auch die der Milch. Wie viele Mütter sind durch einen strengen Speisezettel mißmutig geworden und haben die ganze Lust am Stillen verloren!

Es gibt Krankheiten und abnorme Zustände der Mutter, welche das Stillen verbieten, aber nur der Arzt darf diese Entscheidung treffen. Jedenfalls wäre es der sträflichste Leichtsinn, ein Kind abzusetzen oder dazu zu raten, abzustillen, weil die Mutter sich nicht wohl fühlt oder das Kind schlecht gedeiht oder die Brustdrüse nicht genügend Milch spendet. In allen diesen Fällen muß der Arzt gerufen werden. Viele Mütter setzen ihre Kinder ab, weil sie nicht genügend Milch zu haben glauben und bedenken nicht, daß die Milch oft erst nach Wochen in voller Menge einschießt, namentlich bei Erstgebärenden, und daß die Zufütterung von künstlicher Nahrung zu der in nicht genügender Menge produzierten natürlichen Nahrung bedeutend besser für das Kind ist als die künstliche Nahrung allein. Insbesondere muß man sich gegen den Aberglauben wenden, daß nervöse Beschwerden, Blässe, leichte Schwächezustände einen Grund zum Abstillen abgeben.

Auch die Erkrankung der weiblichen Brust, das Wundwerden der Warze, die Entzündung der Brustdrüse, müssen nicht unbedingt einen Grund zur Abstillung abgeben; auch hier ist das letzte Wort dem Arzt zu überlassen, ebenso wie bei Erkrankungen des Kindes, die es für kürzere oder längere Zeit scheinbar saugunfähig machen.

Hat die Mutter gelernt, die Milch aus der Brust abzuspritzen, dann kann die Milchproduktion auch während der Tage erhalten werden, in denen das Kind nicht oder schlechter saugt, und das ist ein unschätzbarer Vorteil.

Erklärt der Arzt die Stillung des Kindes durch die eigene Mutter für unmöglich, so ergibt sich die Frage, ob eine Amme genommen werden soll oder nicht. Hier liegt wieder eine Entscheidung vor, die der Arzt zu treffen hat. Doch bedenke die Mutter, daß sie ihr Gewissen schwer belastet, wenn sie auf eigene Verantwortung eine Amme nimmt, wenn sie nicht vollständig stillunfähig ist. Denn so wird durch schnöden Mammon ein armes Weib dazu verleitet, dem eigenen Kinde die Mutterbrust zu entziehen, auf die es doch ein heiliges Recht hat. Bedenken Sie, das gute Gedeihen des einen Kindes wird oft mit dem Tode des anderen Kindes bezahlt. Nur der Arzt darf die Entscheidung treffen, ob eine Amme genommen werden soll, und er wird auch zu Maßnahmen greifen, um dem Kinde der Amme den größtmöglichen Schutz angedeihen zu lassen. Diesem Schutz wird am besten entsprochen, wenn die Mutter das Kind der Amme mit bei sich aufnimmt und diese so beide Kinder zu stillen in der Lage ist. Die Amme muß gesund, frei von ansteckenden Krankheiten und sauber sein; durch Beobachtung muß festgestellt sein, daß sie genügend Milch produziert. Aber auch das Kind der Mutter, zu der die Amme genommen wird, muß gesund sein, damit es seinerseits der Amme nicht irgendeine Erkrankung beibringt. Hier liegen lediglich Aufgaben für den Arzt vor, denn die Entscheidung ist von außerordentlicher Tragweite.

Die Amme soll nicht etwa im Hause faulenzen. Sie kann ruhig alle mit der Pflege zusammenhängenden Hausarbeiten verrichten. Ihre Kleidung muß sauber und bequem sein. Täglich mache sie Bewegung in frischer Luft! Die Unzuträglichkeiten, die oft durch das Verhalten der Amme im Hause entstehen, sind bei verständiger Leitung leicht zu vermeiden. Sie kommen namentlich dann vor, wenn die Amme gezwungen war, sich von ihrem eigenen Kinde zu trennen; es ist verständlich, daß sie dann in einem erregten Zustand ist. Nimmt die Mutter das Kind der Amme mit in das Haus auf und zeigt sie, daß sie für dasselbe die gleiche Sorge empfindet wie für das eigene Kind, dann kann die Amme zur verträglichsten und besten Hausgenossin werden. Sie muß aber in jeder Beziehung überwacht werden, vor allem, daß sie das Kind richtig besorgt, nicht mit ins Bett nimmt, ihm andere Nahrung zusteckt aus Unverstand, oder um eigenen Milchmangel zu verdecken. Unter allen Umständen macht eine Amme mehr Last, als der Mutter erwachsen würde, wenn sie selbst stillt.

Das Abstillen.

Wann soll abgestillt werden? Nach dem 6. Monat etwa, wenn dieser nicht gerade in die heiße Zeit fällt, kann ganz ohne Bedenken abgestillt werden. Es ist zweckmäßig, bereits vom 4. bis 5. Monat ab Beikost (s. Seite 25) zuzufüttern. Der Eintritt einer neuen Schwangerschaft soll zum Abstillen führen. Man tut jedoch gut daran, die Entwöhnung nicht in die heiße Jahreszeit zu legen, in der die künstliche Ernährung besondere Gefahren in sich birgt, sondern sie bis auf die kühle Jahreszeit zu verschieben.

Wie soll abgestillt werden? Das Abstillen soll nicht plötzlich etwa von einem Tag auf den anderen geschehen. Das Kind soll sich ganz langsam an die unnatürliche, künstliche Nahrung gewöhnen. Die Vorsicht ist geboten, weil unter Umständen schon die erste Mahlzeit Kuhmilch schwere Krankheitserscheinungen hervorruft und es notwendig erscheinen kann, nochmals zur ausschließlichen Ernährung an der Brust zurückzukehren, deren plötzliches Versiegen also um jeden Preis verhütet werden muß.

Die Art der Mischung, auf die das Kind abgestillt wird, richtet sich nach dem Alter des Kindes (siehe künstliche Ernährung!). Man wird z. B. im 2. Monat auf Halbmilch, im 4. Monat auf $^2/_3$ Milch abstillen. Auch soll die Menge der künstlichen Nährmischung in der Flasche zuerst weniger betragen, als wie dem Kinde seinem Alter entsprechend zukäme. Die ersten Tage wird täglich nur eine Mahlzeit durch die Flasche ersetzt. Je nachdem das Kind die künstliche Nahrung verträgt, gehe man schrittweise weiter. In der 3. Woche ist gewöhnlich die Abstillung vollendet. Nähert sich die Zeit der Abstillung ihrem Ende, so soll Mutter oder Amme weniger Flüssigkeit, außerdem morgens ein leichtes Abführmittel nehmen und die Brüste hochbinden.

Zwiemilchernährung.

Unter Zwiemilchernährung wird eine Art der Ernährung verstanden, bei der das Kind sowohl natürliche als auch künstliche Nahrung erhält. So bringt, wie aus dem vorhergehenden Abschnitt ersichtlich, die Zeit der Abstillung die Zeit der Zwiemilchernährung. Aber Zwiemilchernährung ist auch notwendig, wenn die Mutter die Stillung ihres Kindes nicht vollständig übernehmen kann, sei es, daß sie zu wenig Milch produziert oder durch außerhäusliche Erwerbstätigkeit verhindert ist, dem Kinde alle 3—4 Stunden die Brust zu reichen. Die Mutter muß es als Pflicht ansehen, dem Kinde so viel Frauenmilch zuzuführen, als sie eben hat, und nur das fehlende durch künstliche Nahrung zu ersetzen; sie darf aber nicht etwa absetzen, weil sie nicht den gesamten Nahrungsbedarf durch Frauenmilch decken kann.

Die Zwiemilchernährung wird entweder in der Weise durchgeführt, daß die Mutter zunächst zu jeder Mahlzeit die Brust reicht und die fehlende Menge durch die Flasche ersetzt, oder daß sie abwechselnd zu einer Mahlzeit die Brust, zu der anderen die Flasche gibt. Welche Methode sich mehr empfiehlt, entscheiden der Arzt bzw. die sozialen Verhältnisse. Das Kind soll, bevor es die Flasche erhält, an die Brust gelegt werden, damit es kräftig saugt und durch den kräftigen Saugreiz die Milchsekretion fördert.

Für die Flaschenernährung gilt die Forderung, daß der Sauger eine möglichst feine Öffnung habe, damit das Kind auch an der Flasche kräftig sauge und nicht etwa bequem werde; dies hätte ein Versiegen der Brust zur Folge.

Natürlich ist es auch möglich und manchmal sogar empfehlenswert, die künstliche Nahrung nicht aus der Flasche, sondern mit dem Löffel zu geben.

Künstliche (unnatürliche) Ernährung.

Bei einer immer noch recht großen Zahl von Kindern müssen wir aus den verschiedenartigsten Gründen, besonders häufig aus sozialen Gründen, auf die natürliche Ernährung verzichten und die Kinder künstlich ernähren. In der Mehrzahl der Fälle wird die künstliche Ernährung dank den durch Wissenschaft und Erfahrung gezeitigten Fortschritten zum Erfolg führen. Doch bleibt sie ein gewagtes Spiel, dessen Ausgang nie vorauszusagen ist. Sie sollte nur auf ärztliche Anordnung und unter ärztlicher Leitung vorgenommen werden. Hier haben die Mütterberatungs= (Säuglingsfürsorge=) stellen eine wichtige Aufgabe zu erfüllen. Für die künstliche Ernährung kommt nur gute Tiermilch in Betracht, und zwar die Kuhmilch (in zweiter Linie Ziegenmilch). Mischmilch, von mehreren Kühen zusammengemischt, ist der Milch einer einzigen Milchkuh vorzuziehen.

Welche Anforderungen sind an eine gute, zur Säuglingsernährung geeignete Kuhmilch zu stellen?

1. Die Tiere müssen gesund sein, dürfen keine Euterkrankheit, vor allen Dingen keine Tuberkulose haben.

Der Stall soll geräumig, luftig, hell und sauber sein. Die Milchkühe sollen den größten Teil des Jahres auf der Weide sein. Im Sommer sollen die Kühe Grünfutter, im Winter bestes Heu und Ölkuchen erhalten.

2. Die Milch muß sauber gemolken sein. Dies ist nur möglich in einem Betrieb, in dem auf peinlichste Reinlichkeit der Kühe, der Ställe, des Melkers und der Milchgeschirre der größte Wert gelegt wird.

Sofort nach dem Melken ist die Milch durch ein mit Watte versehenes Sieb zu gießen, tief zu kühlen (5—6 Grad Celsius) und in Flaschen zu füllen.

3. Die gefüllten und verschlossenen Flaschen müssen auf schnellstem Wege zum Verbraucher gelangen.

4. Die Milch muß kalt aufbewahrt werden. Beim Aufbewahren in gewöhnlicher Temperatur findet nämlich alsbald eine Zersetzung durch Bakterien statt.

Vor Zersetzung schützt am besten die Kälte, und zwar muß die Temperatur weniger als 9° Celsius über Null betragen. Wird die einwandfrei gewonnene kuhwarme Milch sofort auf diese Temperatur abgekühlt und dauernd auf Eis gehalten, so verdirbt sie 24 Stunden lang sicher nicht.

Doch diese günstigen Verhältnisse können wohl da und dort vorliegen, wir dürfen uns jedoch nie auf sie verlassen. Deshalb ist im Haushalte das sofortige Kochen der Milch, Kühlen und nachherige Aufbewahrung an einem kühlen Ort (Eisschrank, Keller, Kühlkiste) dringend erforderlich.

5. Die Milch soll in verschlossenen Flaschen zum Verkauf kommen und als Kindermilch oder Vorzugsmilch bezeichnet sein. Die Flaschen sollen einen Vermerk tragen, ob die Milch roh oder ob sie bereits erhitzt (sterilisiert oder pasteurisiert) wurde.

Am zweckmäßigsten ist es, wenn sofort nach der Lieferung die Milch in der bestimmten Menge auf sämtliche Tagesflaschen mit möglichst einer Reserveflasche verteilt, die fertiggestellte gezuckerte Zusatzflüssigkeit zugefüllt und der Verschluß aufgesetzt wird. Dann bringt man bei Verwendung von roher Milch zur Sterilisation alle Flaschen zusammen in einem Wasserbehälter aufs Feuer, und zwar so, daß die Wasseroberfläche die Oberfläche der Mischung in den Flaschen überragt. Hier verbleiben sie vom Moment des Kochens an 3 Minuten. Dann läßt man unter der Wasserleitung vom Topfrand her oder besser durch einen am Wasserhahn angebrachten und bis auf den Boden des Gefäßes reichenden Schlauch vorsichtig kaltes Wasser (im allgemeinen mit einer Temperatur von 10° C) zu, so daß das warme Wasser allmählich durch kaltes ersetzt wird. Auf diese Weise kühlen die Flaschen schnell ab, ohne zu springen. Natürlich darf nichts in den Verschluß geraten. Kühlt man die Flaschen nicht ab, so wird man oft im Eisschrank, auch wenn sie erst nach einer Stunde hineinkommen, eine erstaunlich hohe Temperatur finden, die seinen Zweck hinfällig macht. Steht ein Eisschrank nicht zur Verfügung, so bewahrt man den Wasserbehälter in fließendem oder wenigstens häufig gewechseltem kaltem Wasser auf oder in einer sogenannten Kühlkiste, die jederzeit leicht herzustellen ist.

Nicht immer wird es möglich sein, die Milchmischung auf diese zweckmäßige praktische Art herzustellen. Wenn nur eine oder zwei Flaschen im Haushalt vorhanden sind, wird man am besten die Milch, sobald sie ins Haus kommt, in einem Kochtopf — möglichst Emaille — auf das Feuer setzen, 3 Minuten unter Umrühren im Kochen erhalten und dann durch Einsetzen des Topfes in ein Gefäß mit kaltem, häufig auszuwechselndem Wasser unter Umrühren abkühlen. Ist sie erkaltet, wird sie zugedeckt an einem kühlen Ort (Keller, Eisschrank, Kühlkiste) aufbewahrt. Die Zusatzflüssigkeit wird vorschriftsmäßig besonders hergestellt, wie oben angegeben gekühlt und verwahrt.

Vor der Mahlzeit wird die Milch in die Flasche gegossen, mit der Zusatzflüssigkeit verdünnt, vorschriftsmäßig gesüßt und dann, wie oben angegeben, dem Kinde gegeben. Nicht ratsam ist es, die Milch von vornherein mit der Zusatzflüssigkeit zu mischen und zu süßen, da bei diesem Verfahren, besonders im Sommer, sehr leicht Verderbnis und dadurch Unbrauchbarkeit für den Säugling eintritt.

Ein praktischer Kochtopf für die Abkühlung der Gesamtmilchmenge ist der von Flügge angegebene; in diesem wird durch besondere Einrichtungen das Überschäumen bzw. Überkochen der Milch vermieden.

Von dem früher vielfach verwandten Soxhletschen Kochapparat ist man heute ganz abgekommen. Seine Beschreibung kann daher unterbleiben.

Zur Abtötung der Bakterien der Milch dient nicht nur die Erhitzung auf 100° C (Sterilisation), sondern auch das sogenannte Pasteurisieren, bei dem die Milch auf 70—80° C längere oder kürzere Zeit erwärmt wird. Hierdurch verändert sich die Milch weniger eingreifend, doch werden leider auch nicht alle Keime abgetötet. Für den Haushalt kommt diese Methode nicht in Frage. Im Anstaltsbetriebe hingegen sind die verschiedenartigsten Systeme im Gebrauch, bei denen man die Möglichkeit hat, zu sterilisieren, zu pasteurisieren und durch Berieselung schnell und ausgiebig zu kühlen. Jedenfalls muß man zu langes Kochen der Milch, wie es früher üblich war, vermeiden, weil es chemische Veränderungen der Milch bedingt, die für das Kind nicht gleichgültig sind und es krank machen können. Deshalb darf die als pasteurisiert oder sterilisiert bezeichnete Milch nicht nochmals längere Zeit gekocht, sondern höchstens ganz kurz aufgekocht beziehungsweise vor der Mahlzeit nur aufgewärmt werden.

Nicht nur von der Milch müssen wir die größte Sauberkeit verlangen, sondern auch von allen zur künstlichen Ernährung benützten Gegenständen, von den Flaschen wie auch von den Saugern, selbstverständlich auch von Ihren Händen. Die Flaschen werden nach dem Trinken sofort mit Wasser gefüllt und möglichst bald mit einer Flaschenbürste, Schrot oder zerkleinerten Eierschalen und dergleichen gereinigt, nachgespült und umgekehrt zum Trocknen aufgestellt. Ein Sterilisieren der Flasche in besonderen Apparaten, wie im Krankenhaus, ist beim einzelnen Kinde im Privathaus nicht notwendig.

Trinkflaschen müssen eine genaue Abmessung der Nahrung erlauben. Bei den sogenannten Strichflaschen ist dies kaum möglich. Sie sind auch gewöhnlich schwer sauber zu halten. Eine brauchbare Flasche muß nach Gramm oder Kubikzentimeter eingeteilt sein und soll nicht mehr als 200 ccm[1] fassen. Der Gebrauch größerer Flaschen verführt leicht dazu, das Kind zu überfüttern. Eine zweckmäßige Flasche ist die Gramma-Flasche des Kaiserin Auguste Victoria-Hauses, die unter dessen ständiger

---

[1] 1 ccm = der tausendste Teil eines Liters, 1 ccm = 1 Gramm Wasser = ungefähr 1 Gramm Milch.

Aufsicht hergestellt wird, 200 ccm faßt, exakt eingeteilt, sehr haltbar ist, und allen hygienischen Anforderungen genügt.

Als Flaschenverschlüsse können die gewöhnlichen Patentverschlüsse mit Gummiringen, saubere, ungeleimte, gelbe Wattestopfen, kleine Mullbeutelchen mit Watte oder auch Stopfen aus weißem Papier benutzt werden. Die Stopfen aus Watte und Papier sind vor jedesmaliger Bereitung der Nahrung zu erneuern, die Patentverschlüsse wie die Sauger zu reinigen.

Die Sauger sind einfache Gummihütchen, in die man mit glühender Nadel ein Loch gebrannt hat. Man kann nicht ein und dasselbe Hütchen für verschieden dicke Nahrungssorten verwenden. Für Tee oder stark verdünnte Milch muß das Loch erheblich feiner sein als für Schleim oder Buttermilch, da sonst das Kind sich entweder verschluckt oder überhaupt nichts bekommt. Sauger mit Röhrensystem sind verwerflich, da sie nicht genügend zu reinigen sind.

Die Sauger sind sofort nach Gebrauch unter dem Strom der Wasserleitung abzuspülen, dann innen und außen mit heißem Soda-, Salz- oder Boraxwasser gründlich zu reinigen, mit klarem Wasser nachzuspülen und in mit sauberem Mull, Leinentuch oder Deckel bedeckten Tassen oder Gläsern, nicht in antiseptischen Lösungen, trocken aufzubewahren. Bei dem im Krankenhaus täglich angewandten notwendigen Auskochen der Sauger in kochendem Wasser werden diese mit einer Pinzette aus dem Wasser nach 3 Minuten langem Kochen herausgenommen und am besten zwischen einem sterilen Tuch trocken aufbewahrt.

Technik der künstlichen Ernährung.

Vor der Mahlzeit reinigt sich die Pflegerin die Hände, versieht die bestimmten Flaschen mit dem Saughütchen, das aber nur an seinem unteren Ende angefaßt werden darf, und setzt sie in warmes Wasser, das etwa 40° C hat. Zur rechten Zeit hat dann die Milch die Wärme des auf Körpertemperatur gesunkenen umgebenden Wassers angenommen. Ein schnelleres Erwärmen im heißen Wasser ist ebenso unzuverlässig wie schnelles Abkühlen in kaltem; wir warnen Sie davor, die Temperatur der Milch nach der des Flaschenglases an seiner Außenfläche schätzen zu wollen, denn dortselbst fühlen Sie die Wärme der umgebenden, aber nicht der inneren Flüssigkeit. Leicht könnten so Brandbläschen auf der Zunge mit ihren Folgeerscheinungen entstehen. Also langsames Erwärmen auf Körpertemperatur!

Die Wärme der zu verabreichenden Milch, also 35° C = 28° R, wird geprüft, indem Sie die gut durchgeschüttelte Flasche an Ihr Augenlid halten, der Geschmack, indem Sie etwas Milch auf den Handrücken tropfen und kosten.

Das Probieren aus dem Sauger ist strengstens verboten!

Weiter sind folgende Regeln zu beachten:

Die Lage des Kindes soll diejenige sein, die es auch beim Stillen einnimmt, das ist die Halbseitenlage. Die Flasche darf nur am unteren Ende, möglichst weit vom Mundteil entfernt, angefaßt werden. Während des Trinkens soll die Pflegerin die Flasche halten. Warum? Mehrere triftige Gründe sind hierfür maßgebend. Oft verliert das Kind den Sauger, und dann findet man die kalte Flasche neben dem Kinde liegen; bis zum zweitmaligen Wärmen vergeht kostbare Zeit, und die Pausen zwischen den Mahlzeiten werden unnötig verkürzt. Oft ist die Milch so ins Bett gelaufen, und man kann sich kein Urteil über die getrunkene Menge bilden. Oder der Sauger gleitet zu tief in den Rachen und verursacht Brechen und Verschlucken. Oft schläft das Kind beim Trinken ein, die Milch läuft weiter und kann in Luftröhre und Lungen fließen, was sofortiges Ersticken zur Folge haben kann. Auch sind schwache Kinder oft nur dann zum Trinken zu veranlassen, wenn man sie fortwährend durch Hin- und Herziehen der Flasche ermuntert.

Nehmen Sie diese Regeln nicht leicht. Wir wissen sehr wohl, daß die Technik der künstlichen Ernährung in manchen Säuglingsanstalten ein wunder Punkt ist aus Mangel an Pflegepersonal; doch kann man von der Forderung des Flaschenhaltens keinesfalls absehen.

Die Trinkzeit darf sich nie über eine halbe Stunde ausdehnen. Bei Kindern, die langsam trinken, ist es angezeigt, die Flasche mit einem Tuch zu umwickeln, um eine Abkühlung der Nahrung zu vermeiden. Im allgemeinen ist in 10 Minuten die Flasche ausgetrunken. Der etwa verbleibende Nahrungsrest darf in keinem Falle aufbewahrt werden; er wird weggegossen oder im Haushalt anderweitig verwendet.

Wie oft und in welchen Pausen wird die Nahrung gereicht? Haben wir schon bei der natürlichen Ernährung die großen Vorzüge und die Notwendigkeit längerer Pausen zwischen den einzelnen Mahlzeiten kennen gelernt, so sind die dort angeführten Gründe bei künstlicher Ernährung noch viel stichhaltiger, da die unnatürliche Nahrung langsamer den Magen verläßt und ihre Verdauung mehr Zeit erfordert als die der natürlichen.

Man gebe im allgemeinen nicht mehr als 5 Mahlzeiten in $3^1/_2$—4stündigen Pausen, z. B. um 6, 10, 14, 18, 22 Uhr oder um 7, $10^1/_2$, 14, $17^1/_2$, 21 Uhr. Keinesfalls gebe man unter normalen Verhältnissen mehr als 6 Mahlzeiten in 24 Stunden. Das Kind muß seine volle Nachtruhe ebenso wie bei natürlicher Ernährung haben. Ausnahmen von dieser Regel kann lediglich der Arzt bestimmen.

Die schwierigste Frage ist die, welche Nahrung man bei der künstlichen Ernährung verwenden soll. Wenn einerseits, wie schon erwähnt, von keiner einzigen Art der künstlichen Ernährung vorauszusehen ist, daß sie zu einem normalen Gedeihen führt, so darf andererseits nicht geleugnet werden, daß verschiedenartige Methoden zum Ziele führen können. So sind mannigfache Arten der Mischung im Gebrauch. Wie bereits gesagt, soll die Überwachung der künstlichen Ernährung vom Arzt oder der Säuglingsfürsorgestelle geleitet werden. Immerhin wollen wir Sie in die Lage versetzen, falls Sie nicht in der Lage sind, eine ärztliche Vorschrift einzuholen, gebräuchliche Mischungen anzugeben, die in vielen Fällen zum Ziele führen. Solche gut brauchbaren Mischungen sind Verdünnungen der Kuhmilch, denen Zucker zugesetzt werden muß, um den durch die Verdünnung gesunkenen Nährwert auszugleichen. Sie bedürfen nur zweierlei Mischungen:

1. eine Verdünnung von einem Teil Milch und einem Teil Wasser, das ist die sogenannte Halbmilch, ferner
2. eine Verdünnung von 2 Teilen Milch und einem Teil Wasser, das ist die sogenannte Zweibrittelmilch.

Unter eine Verdünnung von einem Teil Milch und einem Teil Wasser müssen Sie auch bei neugeborenen Kindern nicht heruntergehen. Die früher häufig zur Anwendung gelangende Drittelmilch, bestehend aus 1 Teil Milch und 2 Teilen Wasser, ist kaum mehr in Gebrauch. Von der 4. Woche an können Sie statt mit einfachem Wasser die Milch mit einer ganz dünnen Schleimabkochung verdünnen. (Ich verweise auf die Zubereitung des Schleimes unter den Kochvorschriften.) Als Zuckerzusatz verwenden Sie Kochzucker, wenn nicht vom Arzt andere Zuckerarten verordnet werden. Die Menge des Zuckers betrage ungefähr 5—6% auf die Flüssigkeitsmenge, d. h. auf 500 g Halb- oder Zweibrittelmilch kommen 25—30 g Zucker. Ebenso wie Sie die Abmessung der Flüssigkeit genau nach dem Litersystem vorzunehmen haben, sollen Sie den zugesetzten Zucker mit Hilfe der Waage abwiegen und nicht etwa nur schätzen. Deswegen raten wir Ihnen, bei der Abmessung des Zuckers von der Abmessung nach Eßlöffeln, Kinderlöffeln oder Teelöffeln abzusehen und eine kleine, genaue Waage zu benutzen.

Bezüglich der Mengen, welche dem Kinde zu geben sind, möchten wir Ihnen folgende Anhaltspunkte geben:

Von der Halbmilch gebe man in den ersten 14 Tagen ganz allmählich steigende Mengen bis zu ungefähr 500—600 g und steigere ganz langsam

dem Nahrungsbedürfnis des Kindes folgend bis 5 × 160—180 g. Vor=
ausſetzung der Steigerung iſt ein normales Stuhlbild. Flacht die Gewichts=
kurve ab, ſteigern wir ſchneller, während wir bei guter Zunahme ruhig
abwarten.

Im 3. bis 4. Monat leiten wir auf Zweidrittelmilch über und ſtellen
dieſe nun nicht mehr aus Milch und Schleim, ſondern aus Milch und
5 prozentiger Mehlſuppe her. Am gebräuchlichſten ſind Weizen= und
Hafermehl, aber auch Roggenmehl, Reismehl, Maismehl, Gerſtenmehl,
Kartoffelwalzmehl können Sie benutzen. Die Menge der Zweidrittelmilch
ſoll pro Tag nicht mehr als 900 bis 1000 g betragen.

Ob überhaupt und wann auf Vollmilch mit 5% Zucker überzugehen
iſt, entſcheidet der Arzt.

Wir machen Sie bei dieſer Gelegenheit noch einmal auf eine wichtige
Aufgabe bei der Durchführung der künſtlichen Ernährung aufmerkſam.
Solange ſich der Säugling bei einer beſtimmten Nahrungsmenge wohl
fühlt, alle Zeichen der Geſundheit zeigt und eine befriedigende Zunahme
aufweiſt, ſteigern Sie nie ohne Grund die Menge etwa nur deshalb, weil
er einige Wochen älter geworden iſt, oder weil es auf der Tabelle ſteht.
Sie können nicht mehr verlangen als gedeihliche Fortentwicklung und
durch ein Mehr an Nahrung das Kind ſchädigen. Manche Kinder können
monatelang mit der gleichen Menge tadellos gedeihen. Sie ſollen ihnen
nicht mehr geben, als ſie gerade zu gutem Gedeihen notwendig haben.
Denn Überernährung ſchädigt die Kinder genau ſo wie Unterernährung,
welche Sie jedoch mit den angegebenen Miſchungen und Mengen ver=
meiden können.

Als eine brauchbare Regel können wir Ihnen noch folgendes angeben:
Geben Sie dem Kinde vom 2. bis 8. Monat $^1/_{10}$ des Körpergewichtes an
Milch, $^1/_{100}$ des Körpergewichtes an Zucker und Mehl, verteilt auf etwa
$^3/_4$ bis 1 Liter Flüſſigkeit, eingeteilt auf 5 Mahlzeiten in 3—4 ſtündigen
Pauſen. Im 4. bis 5. Monat beginnen Sie die Mittagsmahlzeit durch
Beikoſt zu erſetzen. Nach dem erſten Halbjahr können Sie auch die abend=
liche Flaſche durch einen Milchbrei, beſtehend aus 200 g Milch mit ein=
gekochtem Grieß oder Zwieback, erſetzen.

Wie nochmals betont ſei, iſt das nur ein Weg der künſtlichen Ernährung.
Es gibt mannigfache andere, die zum Ziel führen, welche der Arzt anordnen
kann, dem Sie unbedingt Folge leiſten müſſen.

Die Beikoſt.

Am Ende des erſten Halbjahres, gleichgültig, ob natürlich oder künſt=
lich genährt wird, ſoll die ſogenannte Beikoſt verabreicht werden. Sie

besteht aus Grieß, gestoßenem Reis, gemahlenen Graupen, die in einer Brühe gekocht werden. Die Brühe kann Fleischbrühe oder Gemüsebrühe sein. Herstellung s. Kochvorschriften S. 81.

Bei den ersten Versuchen, den Kindern den Brühgrieß beizubringen, stellen sich diese oft recht ungeschickt an oder verweigern diese Art der Nahrung. Um den Übergang unmerklich zu gestalten, soll die Beikost zunächst sehr dünn, fast wässerig sein, so daß sie von der Flaschennahrung kaum zu unterscheiden ist. Man reiche in der ersten Woche nur einmal täglich einige Teelöffel davon vor der Mittagsflasche. Man lasse sich nicht entmutigen, wenn die Kinder sich zunächst sträuben oder ausspucken, versuche es vielmehr immer wieder, evtl. unter Zusatz einiger Prisen Salz oder Zucker. Schließlich kommt man doch mit Beharrlichkeit zum Ziel. Dann kann man auch die Brühe etwas dicker machen, so daß die Beikost nicht mehr flüssig, sondern breiartig ist. Ist man so weit, so beginne man mit der Zugabe von Gemüse, Spinat oder Karotten, die zuerst in Mengen einiger Teelöffel zugegeben werden und setze dann in einigen Tagen ganz auf Gemüse um (Zubereitung s. Kochvorschriften!). Aber auch andere Gemüse sind, fein durchpassiert, erlaubt. Auch frische Fruchtsäfte, wie Apfelsinensaft, Kirschensaft, Himbeersaft, Traubensaft, ferner geschabte Karotten oder geschabte Äpfel können dann die Nahrung ergänzen. Fruchtsäfte können sogar mit Vorteil vom 3. bis 4. Monat ab gegeben werden. Man beginne mit 1 Teelöffel täglich und steigere allmählich auf 50 g.

Ist das Kind an die Beikost gewöhnt, ersetze man, wie bereits erwähnt, die Abendmahlzeit durch einen Milchbrei, und sind die ersten Zähnchen da, kann man dem Kinde zur einen oder anderen Flaschenmahlzeit einen Zwieback oder Kakes in die Hand geben.

Ebenso wie dem Kinde die Flaschennahrung auf die richtige Temperatur gebracht werden muß, darf auch dem Kinde die Beikost nicht zu heiß verabfolgt werden. Manchmal ist die Verweigerung der Beikost auf eine zu hohe Temperatur zurückzuführen. Die Pflegende koste vorher mit einem andern Löffel. Sie füttert auf ihrem Schoß; damit das Kind sich nicht verschlucke, muß sie seinen Kopf etwas höher legen; um zu schnelles Erkalten der Beikost zu vermeiden, kann ein Wärmeteller angewandt werden. Die Beikost wird auf einem Teller oder in einem Topf zugedeckt auf einen Topf mit kochendem Wasser gesetzt, von dort aus in kleinen Portionen verfüttert oder auch aus dem mit einer dicken Lage Zeitungspapier umhüllten, zugedeckten, auf einer Lage Zeitungspapier stehenden Kochtopf in kleinen Mengen entnommen. Besonders wenn die Kinder nur langsam die Nahrung aufnehmen, ist die dauernde Anwärmung der Kost zweckmäßig. Eier gebe man im ersten Jahr nur auf ärztliche Verordnung, da sie unnötig sind und in vielen Fällen schlecht vertragen werden. Dagegen kann sein geschabtes oder passiertes Fleisch, vor allem Kalbsleber, Kalbsmilch, Kalbshirn am Ende des ersten Jahres teelöffelweise zur Beikost zugesetzt werden.

Lösen Fruchtsäfte oder Gemüse häufigere Stuhlgänge aus, ist der Arzt zu Rate zu ziehen. Wenn in normalem Stuhlgange zunächst Gemüsereste in natürlicher Farbe sichtbar werden, ist das nicht ein Zeichen von Krankheit.

Pflege des Säuglings.

Aufgabe der Pflege des Säuglings ist es, ihn vor allen Schädigungen zu bewahren. Sie muß sich mit einer genauen Beobachtung verbinden, um die Gefahren, die ihn bedrohen, sofort zu erkennen. Pflegen kann nur diejenige Persönlichkeit, welche mit genauen Kenntnissen von dem, was dem Säugling nottut und was ihm schadet, die Liebe zum Kinde verbindet, die wahre Mutter und die mütterlich empfindende Pflegerin. Verschieden sind die Anforderungen, die an die Pflege des Kindes in der Familie gestellt werden, von denen, die die Anstaltspflege des Säuglings erfordert. Beide müssen gelernt sein. Eine Persönlichkeit, die instinktiv über das größere Verständnis für die Lebensäußerungen des Säuglings verfügt, die von Natur aus gute Beobachtungsgabe besitzt, wird unter der Voraussetzung grenzenloser Hingabe mehr leisten als diejenige, die in dieser Beziehung von der Natur aus stiefmütterlich behandelt wurde. Aber keine Mutter rede sich ein, daß ihr Instinkt genüge, um zu pflegen, keine Pflegerin glaube, daß sie schon, weil sie Frau ist, die Säuglingspflege beherrscht. Zur Pflege gehören Kenntnisse, und wir wollen neben der instinktmäßig sich abspielenden Pflege diejenige nicht gering schätzen, die auf dem Boden der Vernunft und besonderer Regeln aufgebaut ist. Instinktmäßige und Vernunftpflege müssen sich verbinden, um etwas Ganzes zu leisten.

Der Säugling ist hilflos. Er kann nicht klagen wie der Erwachsene. Man muß ihm seine Leiden von seinem Körperchen absehen, aus seiner Stimmung ablesen. Man muß sein Geschrei deuten können. Infolge dieser Hilflosigkeit wird von der Säuglingspflegerin und von der Mutter viel mehr verlangt, als in Dienstvorschriften stehen kann. Eine Säuglingspflegerin, die nur ihre Pflicht erfüllt, sollte den Beruf lieber lassen; denn sie muß zu steter Hilfsbereitschaft bei Tag und bei Nacht ohne Rücksicht auf eigene Bequemlichkeit bereit sein. Sie muß gefühlvoll eingehen können auf die vielen Wünsche und Bedürfnisse der kleinen Wesen, die nicht sprechen und nicht bitten können. Sie muß sich hineinleben in den Seelenzustand der Kinder, um den feinsten Stimmungswechsel in den Augen zu lesen, des Kindes Schmerz und Freude mitfühlen. Dann erst wird sie in stillen Stunden ein Gefühl innerer Befriedigung überkommen, das sie kaum in einem anderen Beruf jemals empfinden mag. Niemals aber darf Mutter oder Pflegerin die Ruhe verlassen. In diesem Satze liegt eine außerordentlich schwere Forderung, wenn wir bedenken, daß nur diejenige gut pflegen wird, die mitfühlt. Aber Ruhe gehört unbedingt zur Säuglingspflege, selbst dann, wenn schwere Er=krankung den Mut fast rauben will. Gerade auf Säuglingsabteilungen wird nur diejenige Pflegerin Hervorragendes schaffen, die im Gefühl ihrer Kenntnisse und der Sicherheit ihres Handelns ruhig und zielbewußt ihren Dienst versieht.

Der größte Feind des Säuglings ist der Schmutz, und deswegen ist peinlichste Sauberkeit das erste Erfordernis in der Pflege des Säug=lings. Diese Sauberkeit hat sich zu beziehen auf die Pflegerin, auf die Umwelt des Säuglings und auf den Säugling selbst.

Die Pflegerin muß den eigenen Körper von Kopf bis Fuß sauber halten. Die größte Aufmerksamkeit erfordert die Hand. Die Nägel sind kurz und peinlich sauber zu halten. Die Kleidung der Pflegenden sei waschbar; zumindest muß die Pflegerin bei der Arbeit eine saubere Schürze tragen; denn im Schmutz sind die für das Kind gefährlichen Bakterien. Was sind das für Kreaturen, diese geschworenen Feinde des Säuglings? Bakterien mit den Unterabteilungen Kokken, Bazillen und Spirillen sind kleinste mikroskopisch sichtbare, aus einer Zelle bestehende Lebewesen, die zur untersten Stufe des Pflanzenreiches gehören. Nicht alle sind dem Menschen schädlich, doch eine große Anzahl bildet die Erreger unserer an=steckenden Krankheiten. Sie müssen wissen, daß fast alle ansteckenden Krankheiten, wozu die Erkrankungen der Atmungsorgane, die sich in nichts anderem zu äußern brauchen als in Husten und Schnupfen, die Lungenentzündungen, aber auch gewisse Darmkatarrhe der Säuglinge gehören, durch Berührung übertragen werden können, und zwar genügen zur Ansteckung (Infektion) mikroskopisch kleine Staubteilchen, die diese Bakterien enthalten, so klein, daß man sie mit dem bloßen Auge gar nicht erkennen kann; und doch müssen Sie den Säugling vor ihnen schützen. Sie verstehen, daß es keine leichte Sache ist, sich eines Feindes zu er=wehren, den man nicht sieht. Doch Sie müssen den Kampf aufnehmen. Der Preis sind die Ihnen anvertrauten kleinen Menschenleben.

Alle Gegenstände in der Umwelt des Kindes, die es anfassen kann oder die mit ihm in Berührung gebracht werden, müssen sauber gehalten

sein, wie Wäsche, Wickelbekleidung, Unter= und Überkleidung, Lager=
stätte, Zimmer und alle Gebrauchsgegenstände zur Pflege und Ernährung
sowie Erziehung.

Mutter und Pflegerin müssen ihrer eigenen Gesundheit die größte
Aufmerksamkeit schenken. Wer sich krank fühlt, wer mit Husten, Schnup=
fen oder sonstigen ansteckenden Krankheiten behaftet ist, muß dem Kinde
fern bleiben. Wir kommen darauf noch bei der Besprechung der Tuber=
kulose zurück. Kann die Mutter oder die Pflegende aus äußeren Gründen
bei einer Erkältungskrankheit dem Kinde nicht absolut fern bleiben, so
muß sie den Säugling vor Übertragung ihrer mit dem ausgehusteten
Sekret aus Mund und Nase herausgeschleuderten Bakterien dadurch
schützen, daß sie sich ein Tüchlein vor Mund und Nase bindet. Sie darf
auch sonst nicht etwa das Kind anhauchen und nicht mit dem eigenen
Taschentuch Nase und Mund säubern.

Das Baden des Säuglings.

Das vorzüglichste Mittel der so notwendigen Hautpflege ist das täg=
liche Bad. Das neugeborene Kind wird sofort nach der Geburt gebadet.
Das Badewasser soll 35° C warm sein. Dadurch wird das Kind vom
Käseschleim befreit, der es bedeckt. Ist der Körper des Kindes stark
mit Kindsschleim bedeckt, so kann man ihn durch Abreiben mit Öl besser
entfernen. Die Augen des Kindes sollen nie mit dem Bade=
wasser in Berührung kommen. Nach dieser ersten gründlichen Reini=
gung wird mit dem Baden so lange ausgesetzt, bis die Nabelwunde ver=
heilt ist, damit keine Schmutzteilchen aus dem Badewasser in die Nabel=
wunde gelangen. Erst dann beginnt man mit dem täglichen Bad.

Baden Sie den Säugling möglichst vor der zweiten Mahlzeit. In
der heißen Jahreszeit ist es oft zweckmäßig, das Kind in den kühlen Vor=
mittagsstunden an die Luft zu bringen und mittags zu baden; im Herbst
oder Winter baden Sie am besten am Abend, vor der letzten Mahlzeit,
damit Sie nicht morgens vielleicht im ungeheizten Raum das Bad vor=
zunehmen brauchen und auch das Kind in den sonnigen Vormittags=
stunden an die Luft kommen kann. Freilich ist es notwendig, auch im Laufe
des Tages Waschungen zu geben, abends eine solche des ganzen Körpers
und bei jeder Beschmutzung die der betreffenden Gegend. Doch nichts
vermag so in alle Falten des Körpers einzudringen wie das Badewasser.

Wie überhaupt, so gilt ganz besonders beim Baden die Regel: nur
nicht erkälten. Gerade in einem Krankenhaus, wo es große Zimmer
mit vielen Fenstern und Türen gibt, wo oft unerwartet hier einer herein=
kommt, dort einer hinausgeht, wo die Wanne oft recht weit vom Bettchen

steht, ist doppelte Wachsamkeit nötig. Sie sind verantwortlich dafür, daß während des Badens Türen und Fenster dauernd ge= schlossen bleiben. Im Privathause wird man die Wanne nahe an den Ofen setzen und mit einem Wandschirm umgeben.

Das Wasser soll die Temperatur von 35° C haben (im zweiten Halb= jahr 34°). Sie ist unbedingt mit dem Bade=Thermometer im Wasser festzustellen, da die an Arbeit gewöhnten Hände oder Ellbogen bei weitem nicht genügendes Wärmeschätzungsvermögen besitzen. Es ist eine bekannte Tatsache, daß sich das Wasser mit kalten Händen zu warm, mit warmen zu kalt anfühlt. Vor der Messung ist das Bad gut durch= einander zu rühren.

Wie lange soll das Kind im Wasser bleiben? Beobachten Sie einen Säugling, der zu lange Zeit im warmen Bade zugebracht hat, wie Haut und Muskeln erschlafft sind, wie er teilnahmslos in seinem Bett= chen liegt und nicht mehr vergnügt mit Ärmchen und Beinchen zappelt, wie er noch lange nachher wegen der schlaffen und erweiterten Haut= gefäße schwitzt. Merken Sie sich: Das Baden geschehe so schnell wie möglich, in 3—5 Minuten soll es beendet sein.

Soll das Kind nachher kalt übergossen werden? An dieser Stelle möchten wir Ihnen einen Rat mit auf den Weg geben, den Sie in allen Zweifelsfällen vor Augen haben sollten, sofern Sie nicht ge= dankenlos und mechanisch arbeiten, sondern Ihren gesunden Menschen= verstand gebrauchen. Lassen Sie sich stets von der Natur, unserer besten Lehrmeisterin, leiten, schenken Sie Gehör Ihrem natürlichen Empfinden. Sehen Sie sich in der Natur um, ob irgendwo ein Tier oder Naturvolk seine Jungen einer so plötzlichen und energischen Kältewirkung aussetzt, wie sie der kalte Überguß darstellt. Fühlen Sie ferner nicht, wie un= sympathisch diese Prozedur dem zarten Wesen ist? Wollen wir es doch nicht immer besser machen als die Natur! Grundsätzlich soll man im Säuglingsalter von dem Gebrauch kalten Wassers für Abhärtungszwecke absehen. Sowohl die Kinderärzte als auch diejenigen, die sich spezialistisch mit der Wasserheilkunde (Hydrotherapie) beschäftigen, sind sich darüber einig, daß für den Säugling das warme Bad das beste ist. 35° C ist die richtige Temperatur des Bades, das im Säuglingsalter täglich einmal gegeben werden soll. Die vielfach beliebten kalten Übergießungen nach dem Bad dürfen keinesfalls vorgenommen werden. In Krankheitsfällen allerdings können diese Güsse manchmal lebensrettend wirken. Doch das bestimmt jedesmal der Arzt.

Es ist streng verboten, die Wanne oder den Holzbottich noch zu anderen Zwecken zu benutzen, etwa zum Waschen der Windeln oder gar der Unter=

lagen für die Wöchnerin. Sie könnten dadurch, daß Sie schädliche Krankheitskeime übertragen, das Leben und das Augenlicht ihres Schützlings aufs Spiel setzen.

Von der Ausführung des Badens, das Sie am besten im praktischen Dienst erlernen, brauchen wir nicht viel zu sagen. Nachdem das Wasser auf die richtige Temperatur gebracht, das Kind vom Stuhlgang gründlich gesäubert ist, wird das Badetuch an Ihrem Gürtel eingesteckt. Benutzen Sie immer dieselben Stellen des Tuches für Gesicht und Gesäß. Sie fassen dann zweckmäßig mit Ihrer linken Hand unter dem Kopf des Kindes her um das linke Schultergelenk, so daß der Nacken auf Ihrem Handgelenk ruht. Sie haben so die rechte Hand zum Waschen frei. Die Hauptsache bleibt auf jeden Fall, daß Sie das Kind mit Ihrer Rechten unter dem Gesäß fassend sanft und unmerklich ins Wasser hineingleiten lassen und weiterhin mit der Linken gut festhalten, so daß es sich sicher fühlt; dann wird dem Kind das Baden zum Hochgenuß. Im Bade wird das Kind mit einer milden Seife gereinigt. Am besten und einfachsten geschieht dies mit der Hand oder einem Seiflappen, niemals darf ein Schwamm benutzt werden, da sich in seinen Poren der Schmutz festsetzt.

Zu achten ist besonders auf die genaue Reinigung der Falten (Schenkelbeuge, Achselhöhle, Hals, Ohr) und auf die Entfernung der gelben Kopfschuppen (Grind genannt), die mit Öl abzuweichen sind. Das Gesicht (speziell die Augen) ist nicht im Bade, sondern mit besonderen Läppchen oder Wattebausch in reinem Wasser zu waschen. Betrachten Sie beim Baden genau die gesamte Oberfläche des Körpers, um rechtzeitig Ausschläge, kleine Verletzungen, Lähmungen, Anschwellungen und Verkrümmungen der Glieder zu entdecken.

Um keine Infektion des Säuglings hervorzurufen und auch nicht die Schutzkräfte zu zerstören, die dem Säugling gegeben sind, damit er sich der Keime erwehre, darf der Mund des Säuglings nicht gereinigt werden. Stellen Sie sich vor, Sie würden gefesselt und ein Riesenfinger, bewaffnet mit einem feuchten Lappen zweifelhafter Güte, führe Ihnen im Munde herum bis in den Rachen hinein und das nicht einmal, nein mehrmals täglich, nicht eine Woche, sondern viele Monate. Können Sie sich überhaupt vorstellen, daß dies der Mundschleimhaut förderlich ist? Und bedenken Sie dazu, wie unendlich viel zarter die Schleimhaut im Munde des Säuglings ist. Durch gewaltsame Scheuerung des Mundes werden die oberflächlichen Zellen weggewischt, Verletzungen treten auf und durch die wunden Stellen halten die Bakterien ihren Einzug und verursachen Krankheiten, wie die Mundfäule oder Geschwüre an den hinteren Ecken des Gaumens, die über linsengroß sind. Es kann natürlich einmal notwendig werden, daß bestimmte Flüssigkeiten auf die Schleimhaut des Mundes aufgepinselt werden, doch kann das nur der Arzt bestimmen. Ebenso verwerflich wie das Mundauswischen ist das von der früheren Wildheit der Menschenrasse herrührende Durchstechen des Ohrläppchens, das zu Entzündungen und Ausschlägen führen kann.

Das ins Badetuch geschlagene Kind wird schnell am Fußende des Bettes sanft getrocknet, mehr abgetupft als gerieben so, daß die Hand das Badetuch, nicht das Badetuch den Körper reibt und sogleich mit vorgewärmter Wäsche versehen. Ungenügende Trocknung der Haut kann zur Abkühlung führen und dadurch eine Erkrankung des Kindes zur Folge haben. Wichtig ist das vollständige Trocknen des Gehörganges mit gedrehten Watteflöckchen (nicht mit Instrumenten). Auf die gleiche Art ist die Nase zu säubern; freie Nasenatmung ist die erste Vorbedingung für gutes Trinken.

Die Nägel sind täglich nachzusehen, zu reinigen und nach Bedarf zu schneiden, damit das Kind sich nicht kratzen, verletzen und infizieren kann.

Nach dem Baden soll das Kind ins Bett gebracht werden, trinken und mindestens eine halbe Stunde im Zimmer bleiben.

Kranke Kinder, auch frühgeborene Kinder dürfen nur gebadet werden, wenn die ärztliche Erlaubnis dazu vorliegt und eine geübte Hand das Baden vornimmt. Denn kranke und frühgeborene Kinder sind gegen Abkühlung besonders empfindlich.

Vom Trockenlegen und Pudern.

Um das Kind sauber zu halten ist es notwendig, es regelmäßig trocken zu legen und zu pudern.

Man lege das Kind trocken, so oft es naß ist. Wer seinen Pflegling lieb hat und immer um ihn sein kann, merkt häufig schon in dessen Gesichtszügen, ob etwas passiert ist. Der Säugling läßt meist doppelt so oft Urin, als er Mahlzeiten bekommt, und durchschnittlich zweimal Stuhl in 24 Stunden (auch ein- oder dreimal braucht noch nicht krankhaft zu sein), und zwar erfolgt die Urinentleerung häufiger während des Wachens, oft kurz nach dem Trinken vor dem Einschlafen, seltener während der Nacht. Das Trockenlegen geschieht besser vor als nach dem Trinken; denn, da manche Kinder bei stärkerer Bewegung leicht erbrechen, ist es gut, sie nach der Mahlzeit in Ruhe zu lassen, obwohl sie sich gewöhnlich unmittelbar nach dem Trinken benässen. Sonst wird man im allgemeinen für das Trockenlegen keine festen Regeln geben können. Je weniger Säuglinge eine Pflegerin zu besorgen hat, um so eher wird sie ein Naßliegen des ihr anvertrauten Säuglings verhüten können. Aus dem Schlafe soll man ein Kind zum Trockenlegen nur dann wecken, wenn es wund ist. Hier erfüllt das Trockenlegen auch den Zweck, das Wundsein möglichst schnell zur Heilung zu bringen; durch das Naßliegen würde diese verhindert.

Hüten Sie sich jedoch vor jeder Mißhandlung der zarten Haut! Vermeiden Sie Lysol oder irgendeine andere desinfizierende Flüssigkeit, scheuern Sie nicht übermäßig; sonst bewirken Sie kleinste Verletzungen der Haut und berauben diese der natürlichen Lebenseigenschaften, die der beste Schutz gegen Infektionen sind. Das Reinigen geschieht am billigsten mit einem Jutebausch, am besten jedoch mit Watte; bei Neigung zu Wundsein muß unbedingt Watte zur Reinigung verwendet werden. Zu beachten ist, daß man Mädchen von vorn nach hinten abwischt, damit keine Darmbakterien in die Nähe der Harnröhre gelangen und Blasenkatarrh erzeugen.

Was das Pudern betrifft, so können bei sorgsamer Pflege manche Säuglinge ohne dieses Mittel auskommen. Bei den meisten Kindern und besonders den Krankenhauskindern ist das jedoch nicht möglich. Man trage den Puder dünn auf und entferne das Überflüssige wieder aus den Falten mit dem Windelzipfel. Wie jede Übertreibung, so kann auch hier ein Zuviel schädlich sein. Sie werden gewiß schon erlebt haben, daß bei dickem Aufstreuen in den Schenkelfalten sich der mit beißendem Urin getränkte Brei festgesetzt hat und dort, zumal wenn Sie nicht nach jedem Naßwerden alles ordentlich abgewischt haben, seine zerstörende Wirkung ausübt, wobei Sie dann verzweifelt klagen: „Und ich habe doch so dick gepudert."

Zum Pudern bediene man sich einer Dose mit durchlöchertem Deckel. Watte zu benutzen ist unzweckmäßig, weil erfahrungsgemäß oftmals derselbe Bausch, benutzt und beschmutzt, wieder zum frischen Puder gelegt wird.

Billige und gute Puder sind die mineralischen Pulver wie Talcum und Zinkpuder zu gleichen Teilen oder auch weißer Ton. Empfehlenswert sind auch manche der fabrikmäßig hergestellten Fettpuder. Sie trocknen nicht nur, sondern halten auch etwas die Feuchtigkeit ab, was bei Neigung zu Wundwerden von großer Wichtigkeit ist. Einfache Mehle, wie Kartoffelmehl, Reismehl u. a., sind wegen ihrer Zersetzungsfähigkeit streng verboten.

Es empfiehlt sich, die beschmutzten Stellen nach jedem Stuhlgang und wenn möglich auch nach jedem Harnlassen mit lauwarmem Wasser abzuwaschen.

Kleidung.

Die Kleidung hat den Zweck, den zarten Organismus vor unnötiger Wärmeabgabe zu schützen. Sie soll die empfindliche Haut nirgends durch neue oder rauhe Stoffe oder ungeeignete Befestigungsmittel reizen oder drücken. Sie soll so locker sitzen, daß weder Atmung noch Blutkreislauf noch Bewegungen gehindert sind. Sie richtet sich nach Alter und Jahreszeit. In bezug auf Äußerlichkeiten ist der Säugling sehr anspruchslos; eine warme Flanelldecke, in der er nach Belieben strampeln kann, ist ihm lieber als das schönste Spitzenkleidchen. Kurz gesagt: Die Kleidung soll so warm und so locker wie nötig sein. Fort mit allem Flitter! Meist wird der Fehler gemacht, die Kinder viel zu warm einzupacken. Die Folgen sind noch schlimmere, als wir sie Ihnen beim Hinweis auf die zu langen Bäder geschildert haben. Von Schweiß triefend liegen die hilflosen Wesen in einem dauernden Dampfbad. Sie sehen stets blaß aus, Haut und Muskulatur sind schlaff. Wegen der gesteigerten Wasserabgabe nehmen sie an Gewicht nicht zu, sondern ab, und sie erkälten sich äußerst leicht, da die Hautgefäße wegen ihrer Erschlaffung gegen einen Kältereiz nicht gewappnet sind.

Andrerseits müssen Sie sich ebensosehr, besonders bei Spaziergängen, vor dem entgegengesetzten Fehler, vor zu dürftiger Bekleidung Ihres Pfleglings hüten. Oft hört man die besorgte Mutter fragen: „Mein Kind hat immer so kalte Ärmchen; woher kommt das denn eigentlich?" Warum wickeln Sie es denn nicht ein, Verehrteste? Ist das Kind zu schwach, um selbst genügend Wärme in seinem Innern zu produzieren, so muß eben von außen nachgeholfen und verhindert werden, daß das bißchen Wärme an die Außenluft abgegeben wird. Weiter: Sie alle wissen, wie Bewegung den Appetit anregt, die Verdauung befördert, die Körpersäfte zur Zirkulation anreizt und so auf Muskeln und alle Organe günstig einwirkt. Und nun betrachten Sie ein lang ausgestreckt zusammengeschnürtes armes Wesen, das wie in einen mittelalterlichen Folterblock geschraubt zu sein scheint. Wickeln Sie es los, so sehen Sie, wie es freudig mit Armen und Beinchen zappelt und Sie glückselig anlacht. Geben Sie ihm Strampelfreiheit! Mindestens einmal täglich soll sich das Kind im Gebrauche der von allen hinderlichen Kleidungsstücken entblößten Glieder üben!

Wie macht es die Natur? Im Mutterleib hat das Kind die Glieder angezogen, und diese Stellung nimmt es auch nachher mehr oder weniger ein, wenn man es sich selbst überläßt. Und das ist gut so; die zusammengekauerte Lage schützt vor unnötigem Wärmeverlust, und die angezogenen Oberschenkel werden bei Benässung nicht im Schmutze liegen und entgehen so dem Wundwerden. Also nicht gewaltsam die Beinchen gerade strecken wollen!

Das Ankleiden lernen Sie am besten durch Übung, und wenn Sie das vorhin Gesagte beherzigen, so werden Sie die Technik bald beherrschen. Hier nur einige Bemerkungen über die gebräuchlichsten Bekleidungsstücke. Die der Haut anliegende Windel soll von zartem Gewebe sein und sich möglichst glatt anschmiegen, damit sie nirgends reibt und drückt; Flanell und wollene Windeln verhindern die Verdunstung und sind schlecht waschbar. Der frischgekaufte steife Stoff muß erst gewaschen werden, damit er geschmeidig wird. Die Größe beträgt etwa 90 cm im Quadrat; die Windel wird zum Gebrauch dreieckig gefaltet. Die darüberliegende kleinere (etwa 50 cm im Quadrat) sei von gut wasseranziehendem Stoff. Über dieser liegt meist eine kleine wasserdichte Unterlage. Es ist sehr wichtig, daß die Unterlage nicht zu groß ist, sondern nur zur Hälfte das Kind umgibt, damit die Feuchtigkeit verdunsten kann, und nicht der warme Urin darin die Haut erweicht und das Wundwerden begünstigt. Sie sei deshalb nur 30—35 cm groß. Nach außen zu liegen kommt das etwa einen Quadratmeter große warme Wickeltuch. Sie können daran Ihre Kunst zeigen, es möglichst locker herumzulegen und doch so zu befestigen, daß es nicht losgestrampelt wird. Ein einfacheres gutes Verfahren, bei dem jedoch mehr Wickeltücher in die Wäsche wandern, ist, über die dreieckige Windel gleich das Wickeltuch zu legen und ein größeres Wachstuch über das Bettuch auszubreiten. Das Wickeltuch muß so beschaffen sein, daß es sich gut waschen läßt.

Das noch aus früheren Zeiten her bekannte Einschnüren in Binden, das „Wickeln", ist längst als mittelalterliche Marter abgeschafft. Glauben Sie nicht, daß durch festeres Schnüren der Rücken des Kindes gekräftigt würde; das Gegenteil ist der Fall. Alle Muskeln, auch die Rückenmuskeln, werden nur durch Tätigkeit kräftiger, durch Behinderung und Einengung aber schwächer.

Die übrigen Teile der Erstlingskleidung sind Hembchen und Jäckchen, von denen das eine vorn, das andere hinten geschlossen ist. Es ist aber nicht recht einzusehen, weshalb das Hembchen stets aus Leinen oder ähnlichem dünnen Stoff bestehen muß, der den Schweiß zwar schnell aufsaugt, aber ebenso schnell die unangenehme Verdunstungskälte erzeugt. Vom hygienischen Standpunkt aus sind poröse baumwollene Stoffe viel geeigneter. Anstatt Jäckchen aus Stoff sind gestrickte sehr zu empfehlen; sie sind gut waschbar, dauerhaft und luftdurchlässig.

Sehr zarte junge Säuglinge kann man durch eine geschickt umgeschlagene wollene Decke so einhüllen, daß nur das Gesicht heraussieht, und so selbst im Freien umhertragen. Sie haben dann unter der Decke genügend Freiheit, sich durch Bewegung warm zu halten. Jedenfalls soll man sich von Zeit zu Zeit überzeugen, ob das Kind in seinen Umhüllungen warm ist; das geschieht am besten durch Betasten der Beinchen und Füße.

Strümpfe und weiche Schuhe sind erst gegen Ende des ersten Lebensjahres notwendig, wenn das Kind sich aufzustellen beginnt. Mit dem Tragen von Lederschuhen beginne man erst dann, wenn das Kind im Freien laufen kann. Zu Hause sind gehäkelte Schuhe stets vorzuziehen, weil sich die Muskeln und Gelenke der Füßchen so besser entwickeln.

Der Kopf wird nur in der kalten Jahreszeit mit einem Häubchen bedeckt.

Fängt das Kindchen zu krabbeln an (7. Monat), so legt man ein Windelhöschen möglichst nicht aus Gummi an, das an ein Leibchen zu knöpfen ist. Die im Krankenhaus vielfach beliebte Methode, als Ersatz des Höschens eine Windel so zu binden, daß sie nicht abgleitet, ist nicht zu empfehlen, da die Kinder dann meist mit entblößtem Leib anzutreffen sind.

Mit dem immer mehr in Mode gekommenen Säuglingsturnen soll niemals vor dem 6. Monat begonnen werden. Nur solche Personen dürfen es ausführen, welche die Methode gelernt haben, da dem Kinde sonst Schaden erwachsen kann.

Mütter haben in Kursen Gelegenheit, das Säuglingsturnen zu erlernen.

Das Bett.

Als einfachstes Bett kann ein ganz einfacher, am besten eckiger Wäschekorb dienen, den man mit hellem Stoff ausschlägt. An Stelle der Matratze nehme man dann eine dicke, mehrfach zusammengelegte Decke; diese hat noch den Vorteil, daß man sie morgens ordentlich auslüften und nach Bedarf reinigen kann. Eine einfache und praktische Bettunterlage ist auch ein Überzug mit Holzwollfüllung. Holzwolle ist billig und leicht zu reinigen. Durch Waschen in Sodawasser und Trocknen in der Luft wird sie immer noch lockerer und besser. Vor Durchnässung sind die Bettunterlagen durch Überziehen mit wasserdichtem Stoff zu schützen. Am besten sind natürlich die in zweckmäßig eingerichteten Säuglingsabteilungen üblichen gut zu reinigenden und allen hygienischen Anforderungen entsprechenden eisernen Bettstellen. Zu bedenken wäre nur, daß vielfach das Kind zu frei liegt und oft nicht genügend gegen Zugluft geschützt ist. Praktisch sind abknöpfbare, aus waschbarem weißem Stoff bestehende, ringsherum laufende Wände. Sonst hängen Sie auf den Bettrand, besonders am Kopfende, Tücher, und überspannen Sie beim Lüften des Zimmers den Kopf lose mit einer Windel. Zum Zudecken sind Federbetten ungeeignet, da das Kind darunter zu leicht schwitzt und dadurch für Erkältung empfänglich wird. Ebensowenig sind sie als Unterlage geeignet; sie sind kaum zu reinigen und bilden daher einen Brutplatz von Bakterien. Der sogenannte „Armeleutegeruch" entsteht nicht zum mindesten durch Schimmelpilze, die sich in den feuchten Bettfedern ansiedeln. Neuerdings ist zum Ersatz der Federn eine sehr weiche und billige Holzwolle empfohlen worden, die man beliebig oft wechseln kann. Kopfkissen sind für junge Kinder nicht nötig. Da manche Säuglinge einen sehr weichen Hinterkopf haben, und infolgedessen durch stetes Liegen in e i n e r Lage eine Gestaltveränderung des weichen kindlichen Schädels zustande kommen kann, empfiehlt sich eine oftmalige Änderung der Lage des Kindes.

Um das Verrutschen der Bettdecke zu verhindern, gibt es folgendes praktische Mittel: Man nähe an die oberen Ecken der Bettdecke Bänder, am besten mit einem Gummizwischenstück, und befestige diese an entsprechenden Stellen der Seitenwände.

Durch ein über das Bett gespanntes Netz aus Gaze kann der Säugling vor der Belästigung durch Fliegen geschützt werden. Doch soll das Netz ziemlich weit weg vom Kinde liegen, um den Luftaustausch nicht zu hindern.

Da erfahrungsgemäß eine schaukelnde Bewegung unruhige Säuglinge manchmal zur Ruhe bringt, so haben manche Bettvorrichtungen eine Form angenommen, die das Wiegen und Schaukeln des Kindes gestattet. Die Wiege ist über die ganze Erde verbreitet, und nur bei wenigen Völkerschaften ist sie unbekannt. Welche Bedeutung das Wiegen oder Schaukeln für das Kind hat, ist unklar. Obwohl nicht bewiesen ist, daß diese Maßregel den Kindern schadet, ist sie doch im allgemeinen nicht nötig, und das Bett soll deshalb feststehen. Große Verbreitung hat neuerdings das Torfbett gefunden. Das Kind liegt im Bett oder im Wagen auf einer Torfeinlage, durch die der Urin sofort aufgesogen wird. So wird das Kind vor dem Wundwerden geschützt und braucht nicht gewickelt zu werden.

Der Kinderwagen soll nicht mit Wachstuch ausgeschlagen sein, weil dadurch die Luftzirkulation verhindert wird. Nur wenn er genügend ausgelüftet wird, kann er auch als Bett benützt werden.

Das Kind soll nie ins g r e l l e Licht sehen. Im Zimmer und erst recht im Freien soll das grelle Licht abgeblendet werden.

Das Zimmer.

Schlechte Wohnungsverhältnisse beeinflussen die Säuglingssterblichkeit in unheilvollster Weise — besonders im heißen Sommer.

Ungeeignet für den Säugling sind Wohnungen, welche feucht, schlecht belichtet, ungenügend lüftbar und mangelhaft eingerichtet sind (Fehlen von Jalousien, keine Vorrichtungen zum Kühlhalten der Milch, Mangel an Nebenräumen zum Waschen und Spülen).

Das Zimmer sei groß und hell und möglichst nach der Sonnenseite gelegen (Südost, Süd, Südwest). (Bakterien sind ein lichtscheues Gesindel; sie werden vom Licht in der Entwicklung gestört.) Man kann vor das Bettchen des lichtempfindlichen Neugeborenen eine Schutzwand stellen, die auch beim Baden zur Verhinderung von Zugluft gute Dienste leistet. Auch auf ruhige Lage ist zu achten, damit der erquickende Schlaf nicht gestört und nicht schon im zartesten Alter der Grund für spätere Unruhe gelegt werde. In dem Zimmer, in dem der Säugling liegt, darf nicht gekocht, nicht gewaschen, getrocknet und gebügelt werden. Denn durch Kochen und Waschen wird die Luft feucht (schwül), was für den Säugling gefährlich ist. Deshalb dürfen sich auch in dem Zimmer des Säuglings nicht viele Menschen aufhalten, besonders aber nicht schlafen.

Alle Stoffe, die mit der Säuglingspflege in Beziehung stehen (Wandschirmbezüge usw.), seien aus waschbarem Material. Staubfänger, wie dicke Vorhänge oder Teppiche, seien verpönt. Der Boden sei womöglich mit Linoleum belegt; es hat keine Spalten, ist gut zu reinigen und hält die Wärme zurück. Auch eine Matte kann diesem Zweck genügen. Die mittlere Temperatur des Wohnzimmers für den Säugling beträgt 19° C, für Neugeborene 20° C bis 22° C, die des Schlafzimmers 15° C. Für Neugeborene und junge Säuglinge soll das Zimmer Tag und Nacht die gleiche Wärme haben.

Die täglich mehrmals vorzunehmende langdauernde Lüftung des Zimmers kann nicht dringend genug empfohlen werden und wird mittels der sogenannten Kippfenster oder durch die natürliche Fensterlüftung erfolgen; die letztere kann auf dreierlei Weise vorgenommen werden: durch Öffnen der Fenster im Zimmer, durch Öffnen der Fenster in einem Nebenzimmer bei geöffneter Durchgangstür und starke Auslüftung eines Nebenzimmers vor Öffnen der Durchgangstür. Diese wird erst nach Schließen der Fenster im Nebenzimmer geöffnet. Bei der Lüftung darf das Kind nicht direkt dem Zug ausgesetzt werden. Schlechte Luft läßt sich nicht durch künstliche Wohlgerüche, sondern nur durch reichliche Zufuhr frischer Luft verbessern. Stark duftende Blumen sind dem

Kinderzimmer fernzuhalten. Das Zimmer ist stets feucht aufzuwischen (erst wischen, dann kehren).

Ein Wickeltisch ist ein für das Privathaus sehr wichtiges Möbelstück; im Krankensaal soll nur im Bett gewickelt werden. Doch wird auch hier ein Wickeltisch dem Arzte für die genaue Besichtigung des Kindes zum Zwecke der ärztlichen Untersuchung gute Dienste leisten. Beim Aufrichten zerre man das Kind nicht an den Ärmchen hoch, sondern unterstütze mit der ganzen Hand Nacken und Hinterkopf.

Beginnt die Zeit des Umherkriechens, so ist ein „Ställchen" (Gehbarriere) empfehlenswert. Darin lernt das Kleine allmählich sich aufzurichten und ist auch vor unberufener Bekanntschaft mit dem Ofen und sonstigen gefährlichen Gegenständen geschützt. Der Boden des Ställchens wird mit weichem, durchaus sauberem (waschbarem) Stoff zur Verhütung der sogenannten „Schmierinfektion", der Ansteckung mit bazillenhaltigem Bodenstaub, bedeckt. (Siehe Tuberkulose S. 53.) Dadurch, daß Sie das Kind im Ställchen halten, nehmen Sie ihm die Möglichkeit, sich überall hinzubewegen, wohin es will, und erziehen es auch zur Selbstbeherrschung.

Das Kind macht die ersten Gehversuche durch Aufrichten im Ställchen oder auch am Kleide der Mutter. Das ist das zweckmäßigste, was geschehen kann; denn würde man es zu zeitig zum Gehen zwingen, so könnten krumme Beine die Folge sein. Gängelband und Laufstuhl sowie das Halten an den erhobenen Armen sind verboten.

Ein Spielstühlchen wird erst beschafft, wenn das Kind längere Zeit allein sitzen kann; denn in ihm soll das Sitzen nicht erst gelernt werden, sonst kann eine Verbiegung der Wirbelsäule die Folge sein. Auch dehne man die „Sitzung" nicht zu lange aus. Das Sitzbrett des Stühlchens soll kein Loch haben zur Erledigung der kindlichen Bedürfnisse, weil dadurch die Erziehung zur Sauberkeit erschwert wird.

Mit einer sachgemäßen Pflege im Hause, wie sie in den vorhergehenden Abschnitten beschrieben ist, muß sich eine zweckmäßige Pflege im Freien verbinden; denn ein wichtiges natürliches Moment zur Gesunderhaltung der Säuglinge ist der reiche Genuß der frischen Luft. Keine Medizin, keine noch so sorgsame Pflege kann erreichen, was der Aufenthalt im Freien, in frischer Luft zu erzielen imstande ist. Je mehr man dem Kinde davon verschaffen, je länger es sich im Freien aufhalten kann, desto größer und überraschender sind die Erfolge. Schon von der 3. Woche an soll der Säugling an die frische Luft gewöhnt werden. Im Winter kann man etwas länger damit warten. Im Sommer sollen die Kinder nicht nur mit heruntergeschlagenem Verdeck spazieren gefahren werden, sondern fast den ganzen Tag im Freien stehen. Dies ermöglichen besonders Balkon und Veranda. Man benütze im Mai die stille und rauchfreie Luft der frühen Morgenstunden. Im Hochsommer kann man die Säuglinge gar nicht früh genug ins Freie bringen. Im Winter kommt es weniger auf Temperatur als auf den Wind an. Bei Sonnenschein und Windstille kann man die Kinder bei Temperatur bis zu 4° Kälte herunterbringen, bei kaltem, scharfen Wind können schon 4° Wärme zu kalt sein. Bei fraglichem Wetter ist 2mal tägliches Herausfahren durch $^1/_4$ bis $^1/_2$ Stunde ratsam. Ist das Herausbringen bei häßlichem Wetter gar nicht möglich, so empfiehlt es sich, das Kind mehrmals täglich eine Stunde lang in ein vorher durch einen einstündigen Durchzug gelüftetes und angeheiztes Zimmer zu bringen, nachdem das Fenster erst $^1/_4$ Stunde und allmählich immer kürzer vorher geschlossen worden ist. Während dieser Zeit wird das erste Zimmer ebenso gelüftet. Den Wechsel des Zimmers soll man 2—3mal am Tage vollziehen.

Durch zweckmäßige Kleidung, Bettung, Wahl des geeigneten Zimmers wird dem Wärmebedürfnis des normalen Säuglings genügt. Bei frühgeborenen Kindern — auch bei kranken Kindern — sind besondere Erfordernisse zur genügenden Erwärmung nötig — allerdings keine komplizierten Apparate (sog. Couveusen), wie Sie solche in manchen Anstalten finden werden; durch Anwendung von Wärmkrügen, Einpackung in Watte läßt sich die Warmhaltung auch kleiner Frühgeburten erreichen.

Abhärtung.

Die Regeln, die in den vorhergehenden Abschnitten über Ernährung und Pflege im Haus und im Freien, wie über die Kleidung gegeben sind, sind geeignet, das Kind widerstandsfähig zu machen gegen häufig wiederkehrende infektiöse Erkrankungen der Atmungsorgane und stellen somit das dar, was im Sprachgebrauch als Abhärtung bezeichnet wird. Es sei an dieser Stelle nur nochmals ausdrücklich betont, daß Kaltwasserkuren im allgemeinen für eine Abhärtung unzweckmäßig sind. (Es sei auf das beim Bad des Kindes Gesagte verwiesen.) Hingegen sind Luftbäder wie auch die Sonnenkur schon im Säuglingsalter geeignet, zur Abhärtung des Kindes beizutragen. Diese ist auch bei gewissen Erkrankungen ein Heilmittel, das auf Verordnung des Arztes angewandt wird. Mutter und Pflegerin sollen über die Durchführung der Sonnenkur[1] Bescheid wissen.

---

[1] Ich folge bei der Beschreibung den von Göppert und Langstein gegebenen Ausführungen. F. Göppert und L. Langstein: „Prophylaxe und Therapie der Kinderkrankheiten." (Verlag Julius Springer, Berlin 1920.)

Der Säugling soll zunächst vom 3. Monat an gewöhnt werden, nackt zu strampeln, möglichst in der Sonne, und zwar, abgesehen vom Sommer, bei geschlossenem Fenster. Das Kind wird zugedeckt, bevor die Haut kühl wird, also anfangs nach 5—10 Minuten. Allmählich wird unter Beobachtung der Hauttemperatur des Kindes immer mehr vom Rumpf durch Hinaufschlagen der Oberkleidung entblößt. Durch Seiten- oder Bauchlage wird die Besonnung vom 4. Monat an auf die Rückenhaut ausgedehnt. Im Wärmebedürfnis des Kindes finden wir den einzigen Maßstab für die Länge der Zeit, die die Besonnung dauern soll und für den Zeitpunkt, in dem man überhaupt damit beginnen darf. Stets muß die Haut des Kindes am ganzen Körper warm bleiben. Jede Spur von Auskühlung zeigt an, daß die Zeit überschritten ist.

Die Erziehung des Säuglings.

Ist es denn überhaupt möglich, Säuglinge zu erziehen? Ganz gewiß, man muß es sogar tun, und zwar vom ersten Lebenstage an.

Im allgemeinen wird der erzieherische Einfluß, den man auf ein Kind bereits im ersten Lebensjahre ausüben kann, unterschätzt. Die Folge davon ist, daß in dieser Hinsicht entweder zu wenig oder zu viel mit den Kindern vorgenommen wird.

Die erste, wichtigste Erziehungsmaßregel sei die Gewöhnung an eine Zeitordnung. Das erreichen Sie durch die Art der Ernährung, durch die regelmäßigen Nahrungspausen. Die Innehaltung der Pausen ist wichtig für den normalen Ablauf des Ernährungsvorganges, aber ebensowenig zu unterschätzen ist sie als Erziehung zur Beherrschung des Willens. Und dadurch, daß Sie die Nahrungsmengen so berechnen, daß jede Überernährung ausgeschlossen ist, erziehen Sie die Kinder schon im ersten Jahre zur Mäßigkeit.

Im übrigen überlassen Sie den Säugling sich selbst, und hüten Sie sich davor, durch immer neue Reize seine Ansprüche zu steigern. Bedenken Sie das bei der Auswahl von Spielsachen! Selbstverständlich muß auch an die gesundheitliche Seite bei der Auswahl der Spielsachen gedacht werden, da Kinder alles, was man ihnen in die Händchen gibt, in den Mund stecken. Es seien also färbende sowie spitze, eckige und wollige Spielsachen verboten. Am meisten zu empfehlen sind abwaschbare Spielsachen, wie solche aus Zelluloid und Gummipuppen. Da das an den Gummipuppen befindliche Pfeifchen leicht verschluckt werden kann, sollte es von vornherein entfernt werden.

Wenn Sie das Kind oft auf den Arm nehmen, schaukeln oder ihm, wenn es schreit, einen Schnuller geben, wird es schnell die Annehmlichkeit dieser Dinge empfinden und immer wieder so lange schreien, bis seine diesbezüglichen Wünsche erfüllt sind. Doch wäre es verfehlt, die schaukelnde Bewegung bzw. den Schnuller grundsätzlich aus der Säuglingpflege zu verbannen. Ruhige Kinder allerdings bedürfen keines Beruhigungsmittels; aber für die unruhigen sind solche nicht verboten, da stundenlanges Schreien für das Gedeihen des Kindes absolut nicht gleichgültig ist. Durch dauernde Unruhe können die Verdauungsvorgänge gestört werden, der Gewichtsansatz kann leiden, Brüche, Leistenbrüche, Nabelbrüche können durch die Bruchpforte treten oder sich vergrößern. Bei sehr unruhigen Kindern dürfen Sie daher den Schnuller oder Lutscher ruhig gestatten, unter der Voraussetzung allerdings, daß er immer tadellos sauber und aus einem Stoff ist, der sich nicht zersetzen kann. Die mit Löchern versehenen Saugpfropfen, gefüllt mit Zucker, Brot, Papier und dergleichen, verschlossen mit einem Korkpfropfen, sind strengstens untersagt. Der saubere Schnuller ist ein harmloses Beruhigungsmittel, viel harmloser als die Ablenkung des Kindes durch andere Reize, durch Gehörs- oder Gesichtseindrücke. Der Gebrauch des Schnullers ist bei Unachtsamkeit nicht gänzlich gefahrlos: er kann vom Kinde zu weit eingesogen werden, zu tief in den Rachen gelangen, wodurch die Gefahr der Erstickung gegeben ist. Sie müssen daher recht vorsichtig sein und werden gut tun, entweder einen Schnuller anzuwenden, der mit einem hörnernen Abgrenzungsring versehen ist, oder das Innere des Schnullers mit dem sauberen Zipfel eines Tuches fest auszustopfen und dieses am Bettgitter zu befestigen.

Die Erziehung zur Stubenreinheit kann schon vom 4. bis 5. Monat ab geschehen. Das Kleine wird bald merken, daß es aus der unbequemen Lage des „Abhaltens" sofort befreit wird, wenn es sein Bedürfnis erledigt hat und wird sich danach richten.

Auch mit der Erziehung zur Folgsamkeit, zu einem „artigen Kinde" kann man bei älteren Säuglingen beginnen. Man tue ihnen stets nur dann ihren Willen (Spielsachen reichen usw.), wenn sie ihn in geziemender Form zu verstehen geben, verweigere ihn aber grundsätzlich, wenn sie glauben, ihn durch Eigensinn, Murren oder Schreien durchsetzen zu können. Auch ein energisches Wort zur rechten Zeit ist oft von guter Wirkung und macht körperliche Strafen überflüssig. Körperliche Strafen bei einem Säugling sind eine Roheit.

Zu warnen ist davor, sich zu viel mit einem Säugling zu beschäftigen und ihm „Kunststückchen" beibringen zu wollen. Die frühzeitige Entwicklung des zarten Gehirnes ist vom Übel. Frühreife und Altklugheit sind unerwünscht. Man lasse den Kindern möglichst viel Freiheit und nörgle nicht an Kleinigkeiten. Wenn man aber eingreift, so sei der vornehmste Grundsatz: Gerechtigkeit. Beherrschen Sie Ihre Launenhaftigkeit und den Jähzorn; das Kind muß stets herausfühlen, daß die Befehle und Strafen notwendig und zu seinem Besten sind.

Krankheitsverhütung.

Die sachgemäße Durchführung der Ernährung, Pflege und Erziehung des Säuglings, wie sie in vorhergehendem gegeben ist, ist das beste Mittel, um Krankheiten zu verhüten, doch müssen Sie immerhin wissen, von welcher Seite die größten Gefahren den Säugling bedrohen, um auch noch im speziellen die zweckmäßigen Abwehrmaßnahmen gegen die Erkrankungen treffen zu können.

Im allgemeinen ist das Säuglingsalter von zwei Seiten gefährdet, durch Störungen des Ernährungsvorganges — es handelt sich um die sogenannten Verdauungsstörungen — und von den sogenannten Infektionskrankheiten, auch Kinderkrankheiten genannt. Unter diese sind aber nicht lediglich Masern, Keuchhusten, Scharlach, Diphtherie und Windpocken zu rechnen, sondern auch die von Ihnen vielleicht gar nicht besonders gefährlich gewerteten Erkrankungen der Atmungsorgane, die gewöhnlichen Entzündungen der Nasenschleimhaut oder der Rachenschleimhaut, die sich in Schnupfen und Husten äußern. Sie können beim Säugling sehr schnell zur Lungenentzündung führen. Von chronischen Erkrankungen sind es vor allem die Tuberkulose und die Rachitis (die sogenannte englische Krankheit).

Beginnen wir mit der Bekämpfung und der Verhütung der Darmerkrankungen. Diese zeigen sich in einer Veränderung der Stühle, die anstelle ihres normalen Charakters wässeriger werden, zerhackert aussehen, ihre Farbe verändern, faulig oder säuerlich zu riechen beginnen, Schleim, ja selbst Eiter und Blut enthalten können. Nicht mehr 2—3 Stühle werden täglich entleert wie normalerweise, sondern 4, 5 und noch mehr. Unter Umständen gehen sie spritzend ab. Dabei verändert sich die Stimmung des Kindes, es wird mißmutig, die Haut wird schlaffer, der Leib wird aufgetrieben, es kommt zu Temperatursteigerungen, manchmal auch zur Untertemperatur. Oft sehen Sie auf der Schleimhaut des Mundes (Zungen- und Wangenschleimhaut) weißliche Auflagerungen, die aus Pilzen bestehen, dem Soor (den im Volksmunde sogenannten Schwämmchen). Das Auftreten von Soor ist fast immer ein Zeichen, daß eine Ver-

dauungskrankheit besteht, ja es geht dem Durchfall oft tage= oder wochen=
lang voraus. Wird der Durchfall nicht sofort sachgemäßer Behandlung
unterworfen, können sich in kürzester Zeit die schwersten Erscheinungen
einstellen. Das Fieber steigt, häufiges Erbrechen erfolgt, die Stühle
werden zahlreicher, dünner, wässeriger, manchmal spritzend, schaumig,
Hände und Füße ebenso die Nase erkalten, die Augen versinken tief in
ihren Höhlen, Wangen und Lippen verfärben sich, werden bläulich. Das
Kind wird teilnahmslos, ja sogar bewußtlos. Ab und zu erschüttern
Krämpfe den kleinen Körper, und in kurzer Zeit kann das junge Leben
für immer erloschen sein.

Das beste Mittel zur Verhütung der Darmerkrankungen ist die
genaue Befolgung der Ernährungsvorschriften, wie sie im Abschnitt über
Ernährung gegeben sind. Der beste Schutz ist die natürliche Ernährung,
bei der künstlichen Ernährung ist sowohl ein zuviel als ein zuwenig be=
drohlich. Besonders gefährdet werden die Kinder durch Überernährung
mit Milch, aber auch durch den längeren Gebrauch eines Kindermehles
ohne Milchzusatz. Glauben Sie nicht den falschen Anpreisungen in den
Zeitungen oder auf den Gebrauchsanweisungen, die von der besonderen
Bekömmlichkeit gewisser Nährpräparate und Kindermehle sprechen, ja
sich nicht scheuen, sich als Muttermilchersatz anzupreisen. Das ist glatter
Schwindel! Denken Sie an das, was in diesem Büchlein über Mutter=
milch und ihre Unersetzlichkeit gesagt ist.

Ganz besonders bedroht von Verdauungskrankheiten sind die Säug=
linge im heißen Sommer. Die Überhitzung des Säuglings, wie sie in
schlechtgelüfteten Räumen, bei falscher Kleidung und Bedeckung des
Kindes vor sich geht, die Fütterung mit durch die Hitze schlechtgewordener
Nahrung, die Verdurstung des Kindes, eine Folge ungenügender Wasser=
darreichung, können in kürzester Zeit bei einem leidlich gesunden Kinde
zu einem töblich endigenden Brechdurchfall führen. Deswegen ist es
wichtig, den Säugling in der heißen Zeit besonders zu betreuen und ihn
vor der Erkrankung am Brechdurchfall zu bewahren. Damit verhüten
Sie die in manchen Bezirken unseres Vaterlandes noch immer erschreckend
hohe Sommersterblichkeit. Prägen Sie sich deshalb die Ratschläge für
die heißen Monate besonders ein. Sie werden die Gefahren des heißen
Sommers nur vermeiden, wenn Sie dafür sorgen, daß

1. die Säuglinge zweckmäßig ernährt werden;

2. durch richtige Pflege, insbesondere Bekleidung, ihre Überhitzung
   (Wärmestauung), vermieden wird;

3. die Wohnung möglichst kühl gehalten wird.

Ernährung in der heißen Zeit. An der Brust genährte Kinder sind von Erkrankungen im heißen Sommer ziemlich geschützt. Muttermilch verdirbt nicht; daher dürfen die Kinder nie im Sommer abgesetzt werden.

Da Tiermilch durch die Hitze leicht verdirbt, und der Genuß verdorbener Milch die Säuglinge krank machen kann, muß die Milch in der heißen Zeit besonders gut behütet werden, damit sie sich nicht zersetzt. Ist Eis vorhanden, muß die Milch auf Eis oder in den stets gut verschlossenen Eisschrank gestellt werden. Im Eisschrank soll höchstens eine Temperatur von 12 Grad sein; die Milch soll erst hineingestellt werden, nachdem sie in fließendem Wasser gekühlt ist.

Wer keinen Eisschrank hat, kann sich selbst mit ganz geringen Kosten einen solchen herstellen. Man holt vom Kaufmann eine Holzkiste, bestreut den Boden mit Sägespänen, setzt zwei Eimer von verschiedener Größe ineinander hinein und füllt bis zum oberen Rande des größeren Eimers mit Sägespänen nach. In den kleineren Eimer werden die Flaschen mit Nahrung, umgeben von einigen Eisstückchen, gesetzt und mit dem Deckel des Eimers zugedeckt. Der Deckel der Kiste wird mit einer Lage Zeitungspapier beklebt.

Ist Eis nicht vorhanden, müssen die Flaschen in kaltes, sauberes Wasser gestellt werden, das recht oft gewechselt wird. Stets muß die Milch gut bedeckt gehalten werden, damit Staub und Fliegen sie nicht verunreinigen.

Milch, die noch vom Morgen des vorhergehenden Tages steht, darf nicht verwandt werden, wenn sie nicht auf Eis aufbewahrt wurde. Man gebe dann lieber etwas Tee ohne Milch, bis frische Milch zu haben ist.

An heißen, schwülen Sommertagen soll weniger Nahrung gegeben werden als sonst. Jede einzelne Mahlzeit kann um ein Viertel vermindert werden. Bekommt der Säugling z. B. 5 × 200 g Halbmilch, so gibt man ihm, wenn es sehr warm wird, nur 5 × 150 g Halbmilch. Auch darf nicht mehr Zucker in jede Flasche gegeben werden, als der Arzt verordnet hat, denn künstliche Nahrung wirkt in der heißen Zeit oft giftig.

Der Säugling hat in der heißen Zeit Durst. Damit er nicht erkrankt, muß der Durst gestillt werden. Das geschieht durch Verabreichung von abgekochtem, kühlem Wasser oder dünnem Tee in den Nahrungspausen, besonders wenn die Kinder anfangen unruhig zu werden. Auch kann man nach jeder einzelnen Mahlzeit ein paar Löffel Wasser geben (sowohl bei den Brustkindern als auch bei den künstlich genährten Kindern).

Pflege in der heißen Zeit. Durch zweckmäßige Pflege des Säuglings muß die Gefahr der Überwärmung vermieden werden. Richtige Bettung und Kleidung sind besonders wichtig. Weg mit den Federbetten, weg mit Watte und Steckbett. Muß durchaus eine Gummiunterlage genommen werden, sei sie so klein als möglich. Das Kindchen soll an heißen Tagen fast nackt im Bettchen oder Korb strampeln; eine leichte dünne Decke genügt zum Zudecken.

An heißen Tagen muß man das Kind ein bis zweimal täglich baden oder öfter mit kühlem Wasser waschen.

Wahl des Wohnraumes in der heißen Zeit. Das beste und kühlste, häufig gelüftete Zimmer Eurer Wohnung ist für Euer Kind das geeignetste. Es empfiehlt sich, in demselben feuchte Tücher aufzuhängen.

Ihr dürft das Kind nicht in der heißen feuchten Küche stehen haben!

Hat Eure Wohnung kein kühles, schattiges Plätzchen, so versucht im Hause ein solches ausfindig zu machen, dort stellt Euer Kind hin.

Könnt Ihr auch im Hause kein solches Plätzchen finden, so bringt das Kind möglichst viel an einen schattigen, nicht schwülen Ort im Freien, auch da darf es bloß liegen.

Geringe Zugluft schadet Eurem Kinde im Sommer nichts!

Die Versorgung kranker Säuglinge in der heißen Zeit. Jede, auch die anscheinend leichteste Krankheit, kann in der heißen Zeit binnen wenigen Stunden einen tödlichen Ausgang nehmen und muß daher rechtzeitig vom Arzte behandelt werden. Keine Krankheit darf bis zu den heißen Tagen anstehen, mag es sich nun um einen geringfügig erscheinenden Durchfall oder Verstopfung, um einen Schnupfen, um Geschwüre auf der Haut handeln.

Jedes kleinste Krankheitszeichen, das in heißen Tagen eintritt, erfordert Beachtung und Behandlung. Nicht erst, wenn der Brechdurchfall eingetreten ist, soll der Arzt in Anspruch genommen werden; denn dann ist es häufig zu spät, sondern schon, wenn das Kind unruhig ist, wenn es blaß wird, auch wenn es dabei verstopft sein sollte, muß es zum Arzt gebracht werden. Tritt Durchfall ein, dann sind sofort Milch und sonstige Nahrung wegzulassen, das Kind darf nur Tee (Fenchel-, Lindenblüten-, Pfefferminz-, einfachen Tee) und Wasser bekommen, ist möglichst leicht zu bekleiden und sofort zum Arzt zu bringen.

Der Mutter, die in der heißen Zeit so oft als möglich die Säuglingsfürsorgestelle oder ihren Arzt aufsucht, wird es am sichersten gelingen, ihr Kind gesund zu erhalten.

Nicht nur zur Verhütung der Sommerbrechdurchfälle, sondern auch zu der Verhütung der infektiösen Erkrankungen können Sie sehr viel leisten. Je mehr das Kind vor der Umgebung geschützt werden kann, die Keime an dasselbe heranbringt, um so leichter ist die Aufgabe. Sie wird um so schwieriger, je weniger die Möglichkeit besteht, die Pflege nur einem Kinde zuzuwenden, je mehr Berührungsmöglichkeiten mit anderen Personen vorhanden sind. Infolgedessen sind die Anforderungen, die zur Verhütung von Infektionen an die Einzelpflege einerseits, an die Massenpflege in Anstalten andererseits gestellt werden, verschiedenartig. Für die Mutter, die ihre Kinder im Hause pflegt, und für die Säuglingspflegerin, die in der Anstalt viele Kinder zu besorgen hat, gelten verschiedenartige Anweisungen und Gesetze.

Im allgemeinen gruppieren sich alle Forderungen um die bereits oben besprochenen, um die Sauberkeit der Pflegenden, die Sauberkeit des Kindes und die Sauberkeit in der Umgebung des Kindes. Der Begriff der Sauberkeit, der Reinlichkeit muß denen, die Säuglinge pflegen, in Fleisch und Blut übergehen.

Es gelten die beiden Hauptgebote:

1. Berühren Sie niemals zwei Kinder nacheinander, ohne sich zwischendurch gründlich die Hände gereinigt zu haben. Mit andern Worten: Vor der Berührung eines jeden Kindes muß ganz mechanisch Ihr Schritt sich mit automatischer Sicherheit dem Waschbecken zuwenden.

2. Jeder Gebrauchsgegenstand, der irgendwie, sei es direkt oder indirekt, mit einem Kinde in Berührung gekommen ist, darf nur noch für dieses Kind benutzt werden, andernfalls wird er vor weiterem Gebrauch gründlich desinfiziert[1].

---

[1] Desinfizieren heißt, von Ansteckungskeimen befreien, die anhaftenden Bakterien vernichten.

Bakterien werden getötet erstens durch Feuer, zweitens durch kochendes Wasser, drittens durch strömenden Wasserdampf (von 100° C), wenn er mindestens $\frac{1}{2}$ Stunde einwirkt, viertens durch gewisse Chemikalien (sog. Desinfektionsmittel), deren es feste, flüssige, pulverförmige und gasförmige gibt. Von allen vier Methoden machen wir Gebrauch, wenn wir Gegenstände desinfizieren wollen.

Die erste (Verbrennen) ist die radikalste, doch kommen im allgemeinen nur Sachen in Betracht, die keinen großen Wert haben.

Die zweitwirksamste Art ist die Desinfektion durch Auskochen oder strömenden Dampf. Von ihr wird der ausgiebigste Gebrauch gemacht. Man wendet sie

Dies sind die goldenen Regeln der Säuglingspflege in Anstalten; sie bilden den Kernpunkt.

Die Hände der Pflegenden sind es, die in erster Linie die so ge= fürchteten, oft todbringenden Epidemien in den Sälen hervorrufen. Wenn einmal das Waschen nach dem Anfassen eines darmkranken Kindes vergessen wurde, so ist das Unglück geschehen. Das Nebenkind erkrankt, und all die schönen Erfolge, die man bisher erzielt hatte, die Gewichts= zunahme, über die Arzt und Schwester sich freuten, alles war umsonst; es geht bergab, und Wochen sind dann nötig, um den Schaden wieder gut zu machen. Man konnte freilich nichts von Schmutz an den frebleri= schen Händen sehen, sie hatten ja nur die Bettdecke des ersten Kranken zurückgezogen. Doch gerade an dieser Stelle saß der unsichtbare Feind und lauerte auf die Gelegenheit, um auf einen törichten Finger und von dort auf ein gesundes, ahnungsloses Kind zu gelangen.

Wie reinige ich die Hände nach der Berührung eines Kindes? Die Hauptsache ist und bleibt das gründliche Waschen und Bürsten mit Seife. Glauben Sie nicht, daß das einfache Abspülen in desinfizierender Lösung genügte; das nützt gar nichts. Freilich ist in allen Fällen, wo auch nur die Möglichkeit einer Ansteckung vorliegt, die wirk= liche Desinfektion durch Bürsten und Anwendung eines Antiseptikums nach chirurgischen Regeln geboten, doch bleibt die voraufgehende Seifenwaschung stets das Wichtigste. Letztere, die mitunter alle paar Minuten erfolgen kann — so oft Sie nämlich ein Kind anfassen —, braucht nicht gerade jedesmal mit einer Bürste, besonders wenn sie recht hart ist, zu erfolgen; dann würden Ihre Hände, zumal im Winter, zu leicht wund und empfindlich werden und erfahrungsgemäß um so schlech= ter einer Reinigung zugänglich sein. Vergessen Sie nicht das Kurzhalten

---

überall da an, wo dieses Vorgehen vertragen wird, vor allem bei Instrumenten, Verbandstoffen, Kleidung und Wäsche.

Die Desinfektionsmittel endlich kommen zur Anwendung in den Fällen, wo man die betreffenden Gegenstände weder ins Feuer werfen noch einer Tempe= ratur von 100° aussetzen kann. Dahin gehören: der menschliche Körper, speziell die Hände, dann Thermometer, feinere Apparate, die Kautschuk=, Gummi= und Leder= waren, Bettstellen, Fußböden. Für ganze Zimmer ist die Desinfektion durch Formalindämpfe die gebräuchlichste.

Ist ein Gegenstand von lebenden Keimen befreit, so nennt man ihn keimfrei oder „steril". Durch Kochen wird eine zuverlässigere Keimfreiheit erzielt als durch Desinfektionsmittel, da letztere oft in enge Spalten und unter Schmutz und Fett= teilchen nicht genügend hingelangen. Es ist deshalb in jedem Falle eine mechanische Reinigung durch Abwaschen und Abbürsten vorauszuschicken. Die Sterilität hört auf, wenn die sterilen Sachen eine Zeitlang der Luft mit ihren Bakterien ausgesetzt waren, oder wenn sie mit Nichtsterilisiertem in Berührung gekommen sind.

und Reinigen der Nägel, unter denen ein Tummelplatz aller Arten von Bakterien ist; der Nagelreiniger hänge neben jeder Waschgelegenheit. Das Waschen mit gut schäumender Seife hat bei aufgeschlagenen Armeln bis zum Ellbogen zu geschehen. Für die Pflege Ihrer Hände sorgen Sie durch regelmäßiges Einfetten!

Die zweithäufigste Übertragungsform ist die durch Gebrauchsgegenstände, als da sind: Badewanne, Badetuch, Bade- und Fieberthermometer, Waschlappen, Waschschüssel, Seife, Mund- und Salbenspatel, Puderbüchse, Sauger, Arzneilöffel, Spielsachen usw.

Je mehr von diesen täglich gebrauchten Gegenständen jeder Säugling allein für seinen Gebrauch hat (sogar eine Badewanne ist auf manchen Abteilungen für jedes Kind vorgesehen), desto größer ist der Schutz vor Krankheitsübertragung. Sie sollten alle numeriert sein und säuberlich neben jedem Bettchen stehen. Wenn die Forderung aufgestellt wird, daß beispielsweise jedes Kind seine eigene Puderbüchse haben soll, so wird manche von Ihnen das anfangs für übertrieben halten, „da ja die Büchse gar nicht mit dem Kind selbst in Berührung komme". Überlegen Sie sich einmal den Vorgang. Die Puderdose wird fast ausschließlich mit verunreinigten Händen angefaßt, da sie während des Trockenlegens selbst gebraucht wird. Überträgt nun die Pflegerin mit ihren Fingern die Infektionskeime des kranken Kindes, das gerade besorgt wird, an die Büchse, so kann sie sich nachher noch so sehr die Hände reinigen: beim Pudern des nächsten Säuglings überträgt sie die an besagter Büchse klebenden Bakterien des vorigen auf ihre Haut und später auf das gesunde Kind. Das ist ein Beispiel für viele. Alle Gegenstände, die nicht für jedes Kind angeschafft werden können, wie z. B. Nagelschere, werden nach jedem Gebrauch gründlich gereinigt.

Jeder Säugling wird im eigenen Bett gewickelt und getrocknet; für diesen Zweck ist eine Wickelkommode im Krankensaal nicht zu empfehlen.

Wo nicht für jedes Kind eine besondere Wanne zur Verfügung steht, ist sie nach jedesmaliger Benutzung mit Seife und dem dazu bestimmten Desinfektionsmittel gründlich zu reinigen. Gerade durch das Bad werden so leicht Krankheitskeime übertragen. Bei ansteckenden Krankheiten (z. B. Syphilis) hat natürlich das betreffende Kind eine für dieses bestimmte Wanne.

Kranke Kinder werden stets zuletzt besorgt, damit sie den gesunden nicht mehr gefährlich werden.

Die Waage ist bei jedem Wägen mit einem neuen Tuche zu bedecken, der Wasserleitungshahn häufig des Tags mit der Desinfektionsflüssigkeit abzuwaschen.

Fassen Sie ferner nie die Türklinke mit einer Hand an, die nicht gerade gewaschen ist. Müssen Sie beispielsweise den Windeleimer heraustragen, so öffnen Sie den Drücker mit dem Ellbogen. Ist es, abgesehen von der Infektion mit Bakterien, nicht unappetitlich, eine mit einer Stuhlwindelhand beschmutzte Türklinke dem nachfolgenden Arzt oder einer andern Pflegerin in die Hand zu drücken?

Sehr leicht erfolgt eine Krankheitsübertragung auch durch die Kleider der Pflegerin. Deshalb ist auf häufigen Wechsel und stete Frische des Mantels oder der Schürze zu achten. Ebenso ist überflüssiges Anfassen der Bettstellen und Anlehnen an diese ängstlich zu vermeiden. Beim Herumtragen eines Kindes muß Ihnen stets die Frage vor Augen schweben: Wie vermeide ich eine Übertragung von Keimen auf andere? Küssen ist natürlich verboten.

Bei der Temperaturmessung (Ausführung f. S. 71) ist die wichtigste Regel, daß vorher und nachher die Hände sorgfältigst gereinigt werden. Der Thermometer wird aus dem bei jedem Bett vorhandenen Behälter herausgenommen und mit kaltem Wasser abgespült. Das in der Einzelpflege geübte Einfetten vor dem Gebrauch unterbleibt am besten auf der Abteilung, da so die antiseptische Flüssigkeit besser wirken kann. Eine mechanische Reinigung ist nach der Messung selbstverständlich, sie darf jedoch nicht mit einer Bürste für alle Thermometer vorgenommen werden.

Eine vielfach zu wenig berücksichtigte Verbreitungsweise von Keimen ist die durch Fliegen, die sich an der Haut des Kindes, besonders gern an den Augen und am Mund, wo zersetzte Nahrungsreste kleben, mit Beinen und Rüssel zu schaffen machen und von einem Bett zum andern fliegen. Und abgesehen davon, ist es nicht eine Grausamkeit, ein armes krankes Kind, das sich nicht wehren kann, und das die Ruhe so nötig braucht, fortgesetzt peinigen zu lassen? Für den Sommer sollte jedes Bett seinen Gazeschleier haben!

Für manche ansteckende Krankheiten genügt auch die peinlichste Sauberkeit nicht, um eine Übertragung zu verhindern. Das kommt daher, daß sich die Keime in den feinen Tröpfchen befinden, die von den Menschen beim Husten, Niesen, scharfen Sprechen aus Mund und Nase herausgeschleudert werden und so überall hin durch die geringste Luftbewegung verschleppt werden. In den kleinsten Staubteilchen sitzen die Bazillen, und was das bedeutet, wird Ihnen klar, wenn Sie einen Sonnenstrahl beobachten, der durch einen Fensterspalt ins Zimmer fällt: Milliardenfache Gelegenheit für die Bazillen, sich an den Staubteilchen anzuklammern. Und durch diese Tröpfcheninfektion wird sicherlich eine große Reihe von Säuglingskrankheiten übertragen, vor allem die Erkrankungen der Atmungsorgane, der Keuchhusten, Diphtherie, Masern, aber vor allem auch die Tuberkulose. Deswegen muß jeder mit einer derartigen Krankheit behaftete Mensch vom Säugling ferngehalten werden. Ist dieser aber erkrankt, so muß er möglichst isoliert werden, um nicht seinerseits eine Reihe von Menschen, Erwachsenen und Kindern, anzustecken, die wieder ihrerseits die Quelle der Infektion werden. Aus dieser Andeutung wird Ihnen die Schwierigkeit der Verhütung von Infektionen in Säuglingsheimen und Säuglingspflegeanstalten klarwerden, aber auch die schon stark betonte Notwendigkeit, daß jede erkrankte Pflegerin vom Säugling ferngehalten werden muß und auch jede Mutter die Pflicht hat, ihr Kind durch die eigene Erkrankung nicht zu schädigen. Die Pflegenden müssen sich bei Husten und Schnupfen ein Tüchlein vor Mund und Nase binden. Mit der Frage der Übertragung von Infektionen auf Kinder durch Erwachsene hängen auch die Vorschriften für diejenigen zusammen, die die Kinder in Säuglingsheimen besuchen. Jede Anstalt hat zur Verhütung der Übertragung von Infektionen ihre besonderen Verordnungen, die Sie in sich aufnehmen müssen wie ein Evangelium. Eine Reihe von Anstalten verfügt über sogenannte Boxen, die bewirken, daß jedes Bett vom anderen Bett durch eine Wand getrennt ist, so daß gleichsam jedes Kind in einem eigenen kleinen Zimmerchen liegt. Auf diese Weise wird die Tröpfcheninfektion von Bett zu Bett verhindert. Man kann nicht von einem Kinde zum anderen gelangen, ohne den Umweg um die Zwischenwand zu machen. Die Pflegerin und jede andere Person werden so augenfällig daran erinnert, daß sie vor der Berührung jedes Kindes ihre Hände zu waschen, womöglich auch einen anderen Mantel anzuziehen haben, um keine Übertragung von Keimen vorzunehmen. Das Problem der Infektionsübertragung in Säuglingsheimen ist noch nicht durchaus befriedigend gelöst, aber jede einzelne Pflegerin muß sich bemühen, diese Frage, von der das Gedeihen vieler Säuglinge abhängt, möglichst zu vervollkommnen. Im allgemeinen genügt die Befolgung der im vorstehenden mitgeteilten Gesichtspunkte, um die dem Säugling drohenden Gefahren stark zu vermindern.

Im folgenden sei noch auf einige spezielle Vorschriften zur Verhütung besonderer Erkrankungen hingewiesen.

So bezieht sich eine wichtige, sogar in Gesetzesform gekleidete Vorschrift auf die Verhütung der eitrigen Augenentzündung des Neugeborenen, der sogenannten Blennorrhoe, die meist durch Eindringen von besonders sich im Schleim der inneren Geschlechtsteile der Mutter aufhaltenden Bakterien (Gonokokken) in die Augen des Kindes

entsteht, auch nach der Geburt durch die Beschmutzung der Augenbinde=
haut des Kindes durch den Wochenfluß der am Tripper (Gonorrhoe)
erkrankten Frau entstehen kann. Die Krankheit bricht meist am 2. bis
4. Lebenstage aus und zeigt sich in einer Schwellung und Rötung der
Lider, die mit Schleim verklebt sind, weiter in starker eitriger Absonde=
rung aus der von den dicht geschwollenen Lidern gebildeten Lidspalte,
welche das Kind gar nicht öffnen kann. Die schwersten Zerstörungen
des Auges, des Sehapparates, und dauernde Blindheit können die
Folge sein. Die Gefahr der Übertragung des Trippereiters durch da=
mit behaftete Finger, Handtücher, Bettwäsche, Badewasser, Schwamm
auf die gesunden Augen und Schleimhäute ist eine außerordentliche
große. Zur Verhütung der Krankheit ist die Hebamme angewiesen,
Augentropfen in die Lidspalte des neugeborenen Kindes einzuträufeln.
Das ist eine segensreiche Einrichtung, die vielen Kindern ihr Augen=
licht erhält.

Aber nicht nur Tripperbakterien bedrohen die Gesundheit des Neu=
geborenen. Der Wochenfluß der Frau enthält auch andere für das Kind
schädliche und oft sogar sehr gefährliche Keime, die unter keinen Um=
ständen auf das Kind übertragen werden dürfen. Deswegen muß stets
zuerst das Kind und erst nachher die Wöchnerin besorgt werden.

Auch die Erkrankungen der Nabelschnur und Nabelwunde
können Sie verhüten, wenn Sie die größte Sauberkeit anwenden; es
handelt sich bei diesen Erkrankungen oft nicht nur um äußerliche Ent=
zündungen, sondern um tiefgreifende gefährliche Eiterungen, die bis zum
Bauchfell vordringen, ja zu allgemeiner Blutvergiftung führen können.
Die Pflegerin, die ihre Hände stets gründlich wäscht, bevor sie das Kind
anrührt, das Baden so lange läßt, bis die Nabelschnur abgefallen ist, wird
kaum jemals unter ihren Schützlingen eine Erkrankung des Nabels zu
verzeichnen haben.

Vor einer Erkrankung an Pocken kann man die Kinder durch die
Impfung schützen. Und es ist deshalb zu begrüßen, daß jedes Kind nach
dem Reichsimpfgesetz vor dem Ablauf des auf sein Geburtsjahr folgenden
Kalenderjahres geimpft werden muß. Sie müssen dem vielfach herrschen=
den Aberglauben, daß durch die Impfung dem Kinde geschadet werden
könnte, begegnen und sich bewußt bleiben, daß die gesetzliche Einführung
der Impfung eine der segensreichsten Einrichtungen ist, durch welche die
Kinder vor einer der furchtbarsten Erkrankungen, den schwarzen Pocken,
geschützt werden können. Auch gegen Masern, Diphtherie, Scharlach,
Tuberkulose sind Schutzimpfungsmethoden ausgegeben worden. Der Arzt
wird Sie darüber aufklären.

Eine ganz besondere Aufgabe fällt Ihnen gerade in der heutigen Zeit durch die Verhütung der Tuberkulose im Kindesalter zu. Sie können alles das, was zur Verhütung notwendig erscheint, aus dem Merkblatt Verhütung der Tuberkulose ersehen, welches das Kaiserin Auguste Victoria-Haus herausgegeben hat. Prägen Sie sich die folgenden Sätze genau ein!

Die Tuberkulose, auch Auszehrung oder Schwindsucht genannt, ist eine Geißel der Menschheit und bedroht auch die Kinder schon von früher Jugend an. Besonders seitdem die Ernährung sich verschlechtert, die Wohnungsnot sich vergrößert hat und viele Personen infolge des Krieges tuberkulosekrank geworden sind.

Deshalb sei Euch zu genauester Beachtung mitgeteilt, daß die Tuberkulose durch kleinste, nur mit starker Vergrößerung sichtbare Lebewesen entsteht und weiter verbreitet wird. Diese Krankheits-Erreger (Tuberkelbazillen) können — auch bei anscheinend völlig gesunden Menschen — in Mund, Nase, Rachen, Kehlkopf, Luftröhre und Lungen sitzen. Daher kann beim Ausspucken, Niesen, Husten, Küssen, ja schon beim Sprechen und scharfen Atmen der Krankheitskeim aus dem Munde geschleudert und übertragen werden. Ein Kind, das in der Nähe eines Tuberkulösen ist, kann also jeden Augenblick die Krankheitskeime aufnehmen.

Deshalb achtet auf die Personen, die ständig um das Kind sind, ebenso müssen Eltern und Geschwister, die etwa mit Tuberkulose behaftet sind, oder die an Husten und Auswurf leiden, sich, soweit es irgend geht, von den Kindern fernhalten oder ganz von ihnen trennen. Zu regelmäßiger und dauernder Wartung und Pflege des Kindes sollten nur Personen zugelassen werden, die vom Arzt als gesund befunden sind. Seid Ihr selbst tuberkulosekrank, habt Ihr Husten oder Auswurf und könnt Ihr die Kinder nicht in einer gesunden Umgebung anderweitig unterbringen, so vermeidet vor allem das Küssen; laßt auch, wenn irgend möglich, die Kinder nicht bei Euch schlafen. Müßt Ihr Euch mit ihnen beschäftigen, so bindet vor Euren Mund ein Läppchen aus Gaze oder Mull. Das verhindert die Ausstreuung von Krankheitskeimen beim Sprechen, Husten oder scharfen Atmen.

Beim geringsten Verdacht oder Zweifel, ob Ihr selbst oder sonstige Personen, mit denen Euer Kind ständig zusammen ist, tuberkulös sind, wendet Euch an einen Arzt; und zwar nicht nur einmal, sondern regelmäßig. Oft verbirgt sich nämlich eine Tuberkulose hinter ganz unbestimmten Beschwerden — wie Blässe, Appetitmangel, allgemeiner Schwäche und anderen Störungen —, die nur durch wiederholte ärztliche Untersuchung richtig gedeutet werden können.

Ein Tuberkulöser muß sein eigenes Geschirr zum Essen und Waschen haben und darf nicht etwa mit andern, gesunden Menschen dieselbe Zahnbürste oder ein gemeinsames Taschentuch benutzen.

Achtet auf die Spielgefährten Eurer Kinder; laßt sie nicht mit tuberkulösen oder ständig hustenden Kindern zusammen. — Das gleiche gilt von Hausgehilfen, Schlafburschen, Aftermietern, die etwa in Eurem Haushalt ständig mit den Kindern in Berührung kommen; auch sie können ihnen die Tuberkulose bringen.

Nun kann aber die Tuberkulose nicht nur durch einen Erkrankten unmittelbar auf einen andern Menschen übertragen werden, sondern man kann sich auch durch Einatmen von Schmutz und Staub in der Wohnung und auf der Straße anstecken. Im Staub halten sich nämlich, auch eingetrocknet, die Tuberkelbazillen lebensfähig. Deshalb sorgt für größte Reinlichkeit in der Wohnung; wischt täglich feucht auf. Niemals soll das Kind Spielzeug, oder was es sonst vom Fußboden oder gar von der Straße aufnimmt, in den Mund stecken: es können die Krankheitskeime daran haften und so dem Kinde zugeführt werden.

Daher dürft Ihr auch nicht dulden, daß etwa auf den Fußboden gespuckt wird. Gerade durch diese Unsitte geraten die Tuberkelbazillen überall hin, werden — z. B. beim Auffegen — verschleppt und verbreiten die Krankheit.

Schließlich kann die Tuberkulose auch durch Milch von tuberkulösen Kühen übertragen werden. Deshalb gebt den Kindern niemals rohe, sondern nur abgekochte Milch, denn durch das Kochen werden die Krankheitskeime vernichtet. Selbstverständlich müssen die Personen, die die Milch zubereiten, ebenso wie die Behälter und Gefäße, worin sie aufbewahrt wird, peinlich sauber sein. Natürlich muß auch der Sauger der Milchflasche stets rein gehalten und darf nicht, wie das häufig geschieht, von der Person, die dem Kind die Flasche gibt, im Munde angefeuchtet werden.

Je kleiner und zarter das Kind, desto empfänglicher ist es für all die hier genannten Ansteckungsmöglichkeiten. Daher macht beizeiten Eure Kinder widerstandsfähig. Sorgt für Licht, Luft, Sauberkeit, vernünftige Ernährung, zweckmäßige Kleidung. Bringt die Kinder möglichst viel ins Freie; bei großer Hitze, die gerade den Jüngsten schädlich werden kann, nur ganz leicht bekleidet: oft genügt nur ein Hemdchen (den Kopf schützt man vor der Sonne durch Bedecken mit einem lose aufliegenden Tuch). Habt Ihr einen Balkon oder ein kleines Gärtchen, so laßt die Kinder möglichst häufig dort; noch besser ist es, falls sich Gelegenheit bietet, sie, wenn auch nur vorübergehend, auf das Land zu bringen.

Haltet ihren Körper und die Kleidung sauber, seid in der Ernährung vorsichtig; auch das Zuviel kann schaden.

Alles dies gehört zur Abhärtung, die noch am ehesten vor Krankheiten schützt. Denn oft ist irgendein Leiden, wie Masern, Keuchhusten, Erkältung Ausgangspunkt für eine Tuberkulose. Diese faßt in einem bereits geschwächten Körper eher Fuß. Deshalb achtet darauf, wenn das Kind nach einer Krankheit sich nicht recht erholt, blaß bleibt, an Gewicht nicht zu- oder gar abnimmt; oder wenn es etwa dauernd, auch nur wenig fiebert.

Dann müßt Ihr sofort, ohne langes Abwarten oder Anwendung von Hausmitteln oder Befolgung von gutgemeinten Ratschlägen der Nachbarn ärztlichen Rat einholen. Überall findet Ihr Fürsorge- und Beratungsstellen, wo Ihr stets Rat und Hilfe erhaltet.

Es liegt auch in Ihrer Hand, die Rachitis, die sogenannte englische Krankheit, jedenfalls die schweren Formen, zu verhüten. Die Krankheit beruht darauf, daß der Knorpel nicht normal verkalkt und infolgedessen eine Knochenweichheit eintritt. Sie finden die Weichheit des Schädels, insbesondere am Hinterkopf, den verspäteten Schluß der Fontanelle, die dicken Gelenke, besonders an den Gelenkenden des Unterarmes, an den Rippen (dem Übergang des knorpeligen in den knöchernen Teil), den sogenannten Rosenkranz. Die langen Röhrenknochen verbiegen sich ebenso wie die Wirbelsäule bei unzweckmäßiger Belastung und können, wenn sie dann in verbogener Stellung verkalken und fest werden, zu bleibenden schweren Krümmungen führen, die das Kind zum Krüppel machen. Ein rachitisches Kind lernt nicht zur rechten Zeit sitzen und stehen, auch die Zähne kommen spät und unregelmäßig. Daß die englische Krankheit eine Erkrankung ist, die nicht nur den Knochen, sondern den gesamten Organismus betrifft, ersehen Sie daraus, daß solche Kinder sehr unruhig sind, viel schreien; auch daran, daß sehr häufig starkes Schwitzen am Hinterkopf die Krankheit ankündigt. Die englische Krankheit, die um die Wende des ersten Lebenshalbjahres ihre ersten Erscheinungen zu machen pflegt, oft auch erst Ende des ersten oder im zweiten Jahre, können Sie durch zweckmäßige Ernährung und Pflege, vor allem durch Anwendung der Pflege im Freien, verhüten, jedenfalls verhindern, daß, wenn eine erbliche Anlage besteht, schwerere Grade der Erkrankung entstehen. Sie müssen alle Ernährungsfehler abstellen, die Kinder aus den schlecht gelüfteten dumpfen Wohnungen viel ins Freie bringen und sie des Lichtes und der Luft teilhaftig werden lassen. Aber Sie können auch durch zweckmäßige Ernährung und Pflege des bereits mit englischer Krankheit behafteten Kindes dasselbe vor schwereren Graden der Erkrankung

schützen und vermeiden, daß Verschlimmerungen und störende Zwischen=
fälle eintreten. Sie müssen diese Kinder recht zart anfassen, damit keine
Brüche oder Verbiegungen der Knochen entstehen und die Entstehung
der Rückgratsverkrümmung dadurch verhüten, daß Sie das Kind mög=
lichst nicht tragen, sondern auf einer glatten Unterlage liegen lassen. Den
ärztlichen Vorschriften zur Verhütung und Behandlung der Verkrüm=
mung müssen Sie unbedingt Folge leisten. Eine häufige Begleiterschei=
nung der englischen Krankheit sind Krämpfe und besonders Stimmritzen=
krampf (s. S. 64). Wenn Sie die englische Krankheit verhüten, ver=
mindern Sie zugleich die Krampfkrankheiten.

Sie sehen, daß in Ihre Hand die Verhütung einer großen Reihe von
Erkrankungen gelegt ist, und, wenn alle Frauen ihre Pflicht erfüllten, die
Gefährdung des Kindes durch Erkrankungen stark eingeschränkt werden
könnte. Sie haben aber nicht nur die wichtige Aufgabe, durch die Ihnen
geschilderten Maßnahmen Erkrankungen zu verhüten, sondern das Krank=
sein des Säuglings bei seinem ersten Beginn zu erkennen, d. h. nicht
etwa um eine Diagnose zu stellen, die dem Arzt überlassen bleibt, sondern
festzustellen, daß eine Abweichung vom normalen Zustand vorliegt.
Denn viele Kinder würden gerettet werden, wenn die Krankheiten bei
ihrem Beginn erkannt würden und gehen daran zugrunde, daß die An=
zeichen entweder nicht gekannt oder nicht beachtet werden und infolge=
dessen die zweckmäßige Hilfe zu spät in Anspruch genommen wird. Sie
erfüllen als Pflegerin Ihre Aufgabe voll und ganz, wenn Sie rechtzeitig
das Vorhandensein einer Erkrankung feststellen und diejenigen Maß=
nahmen durchführen, die durch die Feststellung geboten erscheinen, bis
der Arzt, der sofort geholt werden muß, die notwendigen Verordnungen
trifft. Um aber die Krankheit rechtzeitig zu erkennen, bedarf die Pflegerin
der genauen Beobachtung des Kindes, auf die im folgenden näher ein=
gegangen werden soll.

Beobachtung des Säuglings.

Nicht jeder Frau ist es gegeben, eine gute Beobachterin ihres Kindes
zu sein. So manche wertet eine Nebensächlichkeit zu wichtig, Wichtiges
nebensächlich. Wenn auch in der Beobachtungsgabe weitgehende Unter=
schiede unter den Menschen bestehen und keineswegs jede Frau dies=
bezüglich gleich gut veranlagt ist, so kann sie doch manches von dem, was
ihr in der Anlage fehlt, durch Sorgfalt und Genauigkeit ersetzen.

Vor allem gehört zur Beobachtung eines Kindes die genaue Betrach=
tung des Körpers und seiner Proportionen, die Feststellung seines Ge=

wichts und seiner Länge durch Waage und Maß, wie auch die des Kopf= umfanges, des Brustumfanges, die Zählung von Atmung und Puls, ebenso wie die Betrachtung des Stuhlbildes und des Urins. All das kann jede Mutter, kann jede Pflegerin lernen, sie bedarf nur der Sorg= falt. Hinzu kommt die Beurteilung der Stimmung und des Aussehens des Kindes, und hier allerdings unterscheiden sich gute von schlechten Be= obachterinnen. Der guten Beobachterin entgehen auch die leichtesten Veränderungen nicht. Sie bemerkt die geringste Veränderung des Wesens des Kindes, fühlt fast instinktiv, daß etwas nicht in Ordnung ist. Wer Kinder liebt und deshalb gern pflegt, der lernt diese Kunst und wird da= durch zu der wichtigsten Gehilfin des Arztes, dem diese Beobachtungen für seine Diagnose und seinen Heilplan von grundlegendem Wert sind.

Das eben geborene Kind muß auf etwaige Mißbildungen besichtigt werden. Es muß besonders beachtet werden, ob After und Harnröhren= öffnung vorhanden sind. Das Übersehen kann dem Kinde das Leben kosten, rechtzeitige Feststellung das Leben retten.

Auch muß darauf geachtet werden, ob nicht etwa eine Hasenscharte oder ein Wolfsrachen vorliegt. Hasenscharte ist eine einseitige oder beiderseitige Spaltung der Oberlippe rechts oder links von dem Ober= lippengrübchen, Wolfsrachen eine Spaltung der Oberlippe links oder rechts von dem Oberlippengrübchen, die bis in den harten bzw. weichen Gaumen hineingeht. Auch kann harter bzw. weicher Gaumen allein eine Spaltung aufweisen. Die Mißbildungen müssen sofort erkannt und da= mit behaftete Kinder dem Arzt zugeführt werden, weil sie erhebliche Hindernisse für die Ernährung abgeben können. Verunstaltungen der Hände, Füße, der Geschlechtsteile, der Wirbelsäule werden Ihnen ja bei der genauen Beobachtung des Neugeborenen von der Vorder= und auch von der Rückseite sofort auffallen und ihre Meldung an den Arzt ver= anlassen.

Sie werden auch der Nabelschnur des Neugeborenen bzw. dem Nabel besondere Beachtung zu schenken haben. Sie haben dazu Ge= legenheit, wenn Sie das neugeborene Kind baden oder den Nabelverband wechseln. Es kann vorkommen, daß die Nabelschnur schlecht unterbunden[1] wurde, und dann blutet es aus den Adern des erschlafften Nabelschnur= restes nach außen. Tödliche oder zumindest sehr schwächende Blutungen können die Folge sein. Nur das rechtzeitige Bemerken kann dem Kinde

---

[1] Im Hebammenlehrbuch wird die Hebamme angewiesen, nach dem Baden das Kind in eine Windel zu legen, die Unterbindungsschleife an der Nabelschnur zu lockern, den Knoten noch einmal fest zusammen zu ziehen und auf den ersten Knoten einen zweiten recht festen zu setzen.

das Leben retten. Durch genaue Besichtigung des Nabels werden Sie auch die Nabelentzündungen und die von da ausgehenden schwereren Eiterungen so frühzeitig als möglich erkennen können und den Arzt zuziehen. Die Nabelentzündung wird dadurch kenntlich, daß die Nabelwunde nicht blaß ist, sondern gerötet, geschwollen und unter Umständen eiternd. Hier ist schleunige ärztliche Hilfe geboten, damit nicht das Allgemeinbefinden des Kindes schwere Störungen erleidet und schließlich Lebensgefahr eintritt.

Außerordentlich wesentlich ist die tägliche Betrachtung der Haut des ganzen Körpers, damit Ihnen keine Veränderung entgeht. Denn von der Haut lassen sich viele Dinge ablesen, die im Körperinnern vorgehen. Alle Abweichungen von der normalen Beschaffenheit der Haut müssen genau vermerkt werden. Bei der Mehrzahl der Kinder werden Sie am 2. oder 3. Lebenstag Gelbfärbung der Haut bemerken, bald nur angedeutet, bald stärker. Sie dauert ungefähr eine Woche und verschwindet langsam. Dieser Vorgang ist fast stets harmloser Natur. Sie müssen aber an krankhafte Verhältnisse denken, wenn die Gelbsucht immer mehr zunimmt oder nach der 4. Woche nicht verschwindet. Jede kleine Rötung, jeder abnorm gefärbte Fleck, jedes Pustelchen müssen gemeldet werden. Ein gesundes zweckmäßig gepflegtes Kind darf nicht wund sein. Die Haut des Gesäßes muß ebenso glatt sein wie die Haut des anderen Körpers. Wundsein deutet immer auf unzweckmäßige Pflege oder eine Störung. Da von den kleinsten Eiterpustelchen schwere allgemeine Entzündungen, ja selbst Blutvergiftung ausgehen können, müssen sie beachtet werden. Eine ganze Reihe der sogenannten Kinderkrankheiten (Masern, Scharlach, Röteln) zeigt sich durch Ausschläge auf der Haut, die verschiedenen Charakter haben, verbunden mit Störungen des Allgemeinbefindens. Sie sollen nicht eine Diagnose aus der Art des Hautausschlages stellen, sondern sie sollen lediglich feststellen, daß ein Hautausschlag vorliegt, andere Kinder von der Infektion dadurch schützen, daß Sie beim Bemerken eines solchen Ausschlages das Kind isolieren.

Aber ganz abgesehen von den genannten Veränderungen der Haut ist die Beobachtung der Hautfarbe des Säuglings außerordentlich wichtig. Erblassen des Säuglings, der bisher immer rosig gefärbt war, Erblassen insbesondere während einer Erkrankung, häufiger Farbenwechsel, sind Zeichen, die bedeutungsvoll genug sind, um beachtet zu werden.

Bei einer Reihe von Kindern wird Ihnen auffallen, daß die Haut absolut nicht glatt wird, auch nicht bei bester Pflege, vielmehr spröde bleibt, leicht schuppt, bei dem kleinsten äußeren Reiz gerötet wird. Sie werden finden, daß sich auf der behaarten Kopfhaut trotz guter Pflege immer wieder Schuppen ansammeln, eine Erscheinung, die im Volksmund als Gneis und Milchschorf bekannt ist. Es handelt sich um Kinder, die eine besonders zu Entzündungen der Haut neigende Veranlagung mit auf die Welt gebracht haben und deshalb einer sehr sorgfältigen, nach Angabe des Arztes durchzuführenden Hautpflege bedürfen. Eine Vernachlässigung der Hautpflege dieser Kinder würde zu schwerem Wundsein, Ekzemen, Abszessen, Drüsenschwellungen führen. Die genaue Besichtigung der Haut ist auch deswegen so wichtig, weil die angeborene Syphilis unter ihren vielgestaltigen Symptomen mit Vorliebe Erscheinungen auf der Haut des Kindes hervorruft. Es können in den ersten Tagen und Wochen nach der Geburt an Armen und Beinen, und zwar besonders an Handtellern und Fußsohlen, Hautausschläge der verschiedensten Art (Bläschen, Flecken, Schuppen, Papeln) auftreten, ebenso wie Entzündungen an den Nägelbetten, auch Geschwüre am After, die auf das Vorliegen dieser Erkrankung hinweisen — bei Kindern, die scheinbar ganz gesund geboren wurden. So ein Ausschlag muß nicht syphilitischer Natur sein, aber er kann es sein. Deswegen sollen Sie auch nicht die Diagnose stellen, sondern beim Vorliegen dieser Krankheitserscheinungen einen Arzt um Rat fragen. Die frühzeitige Erkennung ist nicht nur im Interesse des Kindes wichtig, sondern auch deswegen, weil diese Hautstellen die Erreger der Syphilis enthalten, die sogenannten Spirochäten, Lebewesen, welche die Krankheit übermitteln. Die Erkrankung kann dadurch übertragen werden, daß wunde Stellen anderer Menschen mit diesen Lebewesen in Berührung kommen. Sie dürfen deshalb ein solches Kind auch niemals mit wunden oder aufgesprungenen Händen berühren, müssen diese Kinder recht sauber und sorgfältig pflegen, die Hände nach Berührung stets gründlich desinfizieren, um die Erkrankung nicht auf andere Menschen oder sich selbst zu übertragen. Sie dürfen nicht etwa auf eigene Faust zu solchen Kindern eine Amme nehmen, weil die Amme von solchen Kindern angesteckt werden und an Syphilis erkranken kann. Sie dürfen auch niemals von sich aus ein solches Kind in fremde Pflege geben, ohne dem Arzt Mitteilung gemacht zu haben, der das Notwendige zur Vermeidung der Übertragung veranlassen wird.

Nicht nur auf die Farbe der Haut kommt es an, sondern auch auf ihre Elastizität. Wenn Sie bei dem normalen Kinde eine Hautfalte in die Höhe heben, schnellt sie elastisch wieder zurück. Wird das Kind welker, wie es bei schlechtem Gedeihen vorkommt, wird die Elastizität merklich geringer. Verarmt der Organismus an Wasser, kann sogar die Hautfalte stehen bleiben. Es ist das insbesondere ein Zeichen hochgradiger Wasserverarmung bei schwerem Brechdurchfall und erfordert schleuniges Eingreifen des Arztes.

Ebenso wie die Haut des Säuglings müssen Sie auch die Schleimhaut sorgfältig beobachten. Sowohl die Schleimhaut des Mundes als auch die der Nase; dann werden Sie auf der Schleimhaut des Mundes etwa auftretenden Soor, Bläschen oder Geschwüre rechtzeitig bemerken, ebenso wird Ihnen auch ein beginnender Schnupfen des Säuglings nicht entgehen. Denn dieser ist auch auf andere Kinder übertragbar, er kann auch für das Kind selbst verhängnisvoll werden, indem er der anscheinend harmlose Vorläufer einer Erkrankung der Atmungsorgane sein kann, des Luftröhrenkatarrhs und der Lungenentzündung. Aber auch, wenn es beim Schnupfen bleibt, sind die Folgen Schwierigkeiten der Ernährung, des Trinkens an der Brust, und schon aus diesem Grunde bedarf er der Behandlung. An dem schniefenden Geräusch, das beim Durchströmen der Luft durch die Nase entsteht, deren Gänge durch die Schwellung der Schleimhaut und durch die eingetrockneten Borken verengt sind, können Sie den beginnenden Schnupfen erkennen; oder daran, daß Sekret aus der Nase abgesondert wird, bald nur schleimiges, bald eitrigblutiges. Darauf müssen Sie sehr achten, weil gerade eitrig-blutiger Schnupfen Zeichen einer diphtherischen Erkrankung der Nasenschleimhaut sein kann; ein trockener, sich durch Schniefen verratender Schnupfen kann Zeichen einer angeborenen Syphilis sein. Alles Grund genug, damit Sie dem Schnupfen Ihre besondere Aufmerksamkeit widmen, ihn beim ersten Beginn der Behandlung zuführen. Sie müssen auch lernen, dem Kinde in den Hals zu sehen, um Rötung oder Belag auf der Schleimhaut oder den Mandeln rechtzeitig festzustellen. Sie müssen, wenn Sie derartiges bemerken, sofort den Arzt zuziehen, denn es könnte sich nicht nur um eine harmlose Halsentzündung, sondern auch um den Beginn von Masern, Scharlach oder Diphtherie handeln.

Jeder Katarrh des Rachens, jede Halsentzündung kann sich durch die im Nasenrachenraum endigende Ohrtrompete auf das Mittelohr fortsetzen, hier Veranlassung zu Mittelohrentzündung geben, die sehr schmerzhaft und auch gefährlich werden kann. Wenn das Kind lebhafte Schmerzen äußert, sehr unruhig ist, den Kopf hin und her wirft, beim Druck auf den äußeren Gehörgang zusammenzuckt oder schmerzhaft aufschreit, Fieber hat, dann denken Sie daran, daß eine Mittelohrentzündung vorliegen könnte, und holen Sie sofort den Arzt! Bemerken Sie plötzlich eitrigen Ausfluß aus den Ohren — Ohrenlaufen —, dann dringen Sie sofort auf sachgemäße Behandlung — denn sowohl tödliche Hirnerkrankungen aber auch lebenslängliche Schwerhörigkeit und Taubheit können die Folgen einer vernachlässigten Mittelohrentzündung sein.

Durch die tägliche Wägung des Gewichtes gewinnen Sie einen Anhaltspunkt für die Entwicklung des Säuglings. Über die normale Zunahme unterrichtet Sie das einleitend Gesagte. Das Gewicht entscheidet keineswegs allein über die Beurteilung des Zustandes eines Kindes, aber es ist mit ein Anhaltspunkt dafür, ob eine Störung vorliegt oder nicht. Wenn die Gewichtszunahme sich verringert oder das Kind sogar abnimmt, was Sie ja auch bei der Betrachtung des Körpers durch die Feststellung der Abmagerung, Schwinden des Fettpolsters bemerken müssen, ist das ein Zeichen einer Erkrankung, und es besteht für Sie die Notwendigkeit, den Arzt zu rufen. Nicht nur die regelmäßige Wägung des Körpergewichtes ist wichtig, sondern speziell bei Brustkindern auch die Wägung der Trinkmengen, wenn eine Störung eintritt. Nimmt ein Kind an der Brust nicht zu, oder nimmt es sogar ab, zeigt es veränderte Darmentleerungen oder andere Zeichen einer Erkrankung, so ist Ihre erste Pflicht, die Trinkmengen, die das Kind an zwei aufeinanderfolgenden Tagen trinkt, festzustellen, damit der Arzt einen Anhaltspunkt gewinnt, ob das Kind zu viel oder zu wenig bekommt, und danach sein Vorgehen einrichtet. Keine Störung bei einem Brustkinde kann richtig behandelt werden, ohne daß die Wägung der Trinkmengen vorangeht. Sie dürfen nicht etwa selbständig vorgehen, weil Sie glauben, daß das Kind zu viel oder zu wenig bekommt. Für Sie besteht nur die Pflicht der Beobachtung und der genauen Aufzeichnung der Trinkmengen, damit Sie sie dem Arzt mitteilen können.

Auch die regelmäßig vorgenommene Messung der Länge, des Kopfumfanges und Brustumfanges des Kindes sind wichtige Behelfe für die Beurteilung eines Säuglings und gehören mit zu einer genauen Beobachtung.

Die genaue Feststellung der Zahl der Atemzüge, wie der Zahl der Pulsschläge ist ebenfalls für Sie Pflicht, denn aus der Erhöhung wie auch Verminderung der Zahl lassen sich wichtige Schlüsse auf die Tätigkeit von Herz und Lunge ziehen. Da jedoch, wie schon erwähnt, Schreien und Erregungen Atmung und Puls stark beeinflussen, müssen Sie versuchen, die Zahl in der Ruhe festzustellen, was nur durch viel Übung gelingt. Wichtig ist für Sie das Verhältnis der Zahl der Pulsschläge zu der der Atemzüge. Normalerweise müssen auf einen Atemzug je drei bis vier Pulsschläge kommen. Wenn Störungen in der Atmung bestehen, wie z. B. bei Lungenentzündung oder anderen Erkrankungen der Atemwege, dann ändert sich das Verhältnis. Es kommt schon auf weniger als drei Pulsschläge ein Atemzug. Sie müssen beobachten, ob die Atmung nicht etwa hörbar wird, ob das Kind röchelt. All das gibt dem Arzt Fingerzeige. Auch müssen Sie beachten, ob bei der Atmung nicht etwa die Nasenflügel sich mitbewegen, ein wichtiges Anzeichen für eine Erkrankung der tieferen Luftwege oder des Herzens. Darüber, ob nicht zu gewissen Zeiten der Puls schlecht fühlbar, unregelmäßig wird, müssen Sie Aufzeichnungen machen. Dazu gehört viel Übung und Sorgfalt. Sie müssen auch beachten, ob das Kind etwa hustet, wie die Art des Hustens vor sich geht, ob krampf= oder stoßweise und das dem Arzt melden. Er kann daraus den Schluß ziehen, ob es sich nicht etwa um Keuchhusten handelt.

Die Bauchdecken bedürfen einer besonderen Beachtung. Sowohl das Einsinken der Bauchdecken wie auch die Hervorwölbung, das Auf= treten eines sogenannten aufgetriebenen Leibes, ist wichtig für die Beurteilung des Zustandes eines Kindes speziell für die Bekömmlichkeit der Ernährung. Stark eingesunkene Bauchdecken können auf Hunger oder auch auf Erkrankung hinweisen.

Ganz besondere Sorgfalt müssen Sie auf die Betrachtung der Ent= leerungen verwenden, auf die Anzahl, auf die Beschaffenheit der Stühle, ja auf den Geruch der Stühle. Es ist für die Beurteilung und Behandlung eines Darmkatarrhs, der für das Schicksal des Kindes von der allergrößten Bedeutung werden kann, von großer Wichtigkeit, die Veränderung des Stuhlbildes in ihren ersten Anfängen zu erkennen und aufzuzeichnen, ob ein Kind, das bisher 2—3 normale Stühle hatte, nicht 4 oder 5 Stühle entleert, ob sie wässeriger werden, schleimiger, zer= hackert aussehen, ihre Farbe verändern, fauliger oder säuerlicher riechen als sonst, ob Bläschen in ihnen aufsteigen, ob Schleim und Eiter bei= gemengt ist. Sie haben die Pflicht, die Stuhlentleerung zur Besichtigung durch den Arzt aufzuheben und müssen bedenken, daß es schon deswegen auf Ihre Beobachtung des Stuhles ankommt, weil der Arzt den Stuhl erst oft viel später sieht, wenn er bereits durch Eintrocknen und Farben= veränderung seine ursprüngliche Beschaffenheit und Farbe verändert hat. Sie werden sich daran erinnern müssen, daß normalerweise das Meko= nium schwarz=grün aussieht, daß aber späterhin die Veränderung des Stuhls ins Schwärzliche wie auch ins Helle Zeichen der Erkrankung dar= stellen können. In der Beurteilung des Stuhls müssen Sie sich durch vielfache Übung schulen. Die kleinste Abweichung vom Normalen muß Ihnen auffallen. Denn Abweichungen des Stuhlbildes vom Normalen sind häufig die ersten Zeichen von Verdauungsstörungen. Aber auch Verstopfung, die seltene Entleerung festerer, oft auch hellerer

Stuhlmassen, weist auf eine Erkrankung und darf von Ihnen nicht etwa durch Abführmittel, Klystiere und Einläufe selbständig behandelt werden. Vielmehr bleibt dem Arzt eine Änderung in der Art der Ernährung vorbehalten.

Sie müssen auch den Urin auffangen, um zu sehen, ob er klar ist. Auf die Methodik verweisen die Handgriffe.

Die größte Beachtung verdient die Temperatur des Säuglings. Sie wird in Anstalten regelmäßig gemessen und muß auch im Privathause unbedingt dann gemessen werden, wenn auch nur kleinste Veränderungen im Wesen des Kindes auf ein Kranksein hinweisen. Gegen diese Regel wird oft verstoßen. Sie haben die Pflicht, falls Ihnen das Kind nicht normal erscheint, die Temperatur zu messen (s. Handgriffe) und diese Messung morgens und abends zu wiederholen. Die Beurteilung eines kranken Kindes ohne laufende Feststellung der Temperatur ist unmöglich. Sie haben die Pflicht, diese Temperaturen regelmäßig aufzuschreiben bzw. auf einer Fieberkurve zu vermerken.

Auch die Beachtung der Nahrungsaufnahme ist für Sie von allergrößter Wichtigkeit sowohl beim Brust= wie beim Flaschenkind. Sie müssen feststellen, ob das Kind mit Freude und Appetit Nahrung nimmt, ob es unlustig und faul ist, ob es, nachdem es bisher gut getrunken hat, plötzlich Zeichen der Abwehr von sich gibt, die Brust oder Flasche losläßt, Zeichen des Schmerzes zeigt. Gerade aus der Art der Nahrungsaufnahme lassen sich wichtige Schlüsse ziehen! Grund genug, damit Sie die Technik der Ernährung recht gründlich erlernen. Sie müssen feststellen, ob das Kind nach oder während des Trinkens aufstößt, ob es die Nahrung ausschüttet, ob es bricht, wann dieses Erbrechen eintritt, wie die Menge und Art des Erbrochenen ist. Dem Ernährungsvorgang kann eben nicht genug Aufmerksamkeit gewidmet werden. Ein verhängnisvolles Sprichwort ist: „Speikinder sind Gedeihkinder". Erbrechen ist immer ein krankhafter Vorgang, der ärztlicher Begutachtung bedarf. Der feinste Gradmesser für das Befinden des Kindes ist seine Stimmung. Ein gesundes normales Kind schläft gut, ist im allgemeinen ruhig, heiter. Krankheit zeigt sich durch die leichtesten Stimmungsveränderungen, Weinerlichkeit, unruhiges Schlafen, ein Beweis, wie notwendig es ist, daß Sie gerade die zartesten Regungen der kindlichen Seele beachten. Wenn Kinder, die immer ruhig gewesen sind, anfangen zu schreien, hat es seinen besonderen Grund. Ihre Aufgabe ist es, nach der Ursache dieses Schreiens zu forschen, nachzusehen, ob das Kind naß liegt, ob die Windel drückt oder zu rauh ist, ob es wund ist, ob es durch Insekten (Fliegen, Flöhe, Läuse) belästigt wird, ob ein harter Gegenstand mit eingewickelt war, ob das Kind zu warm eingepackt ist, kurz und gut, Sie müssen nach allen möglichen Dingen forschen. Sie müssen das Kind messen, und wenn Sie da nichts finden können, beachten, ob irgendeine Bewegung (Aufrichten, Anheben des Kopfes), ein Druck (Ohr, Knochen u. a.) dem Kinde Schmerzen verursacht. Sie dürfen aber nicht ohne weiteres eine Diagnose stellen und eingreifen, dem Kinde Nahrung geben oder entziehen. Sie haben nur die Pflicht der Beobachtung, aber nicht die der Behandlung und Diagnose. Es gibt natürlich auch Kinder, die von Geburt aus unruhig sind, die im Gegensatz zu normalen Kindern nicht tief schlafen, schreckhaft sind, leicht zusammenzucken, wenn man an das Bett tritt und nach dem Schreck losbrüllen. Das sind Kinder mit einer Veranlagung zu abnormen Erregbarkeiten, nervöse Kinder. Aber nicht nur abnorme Schreckhaftigkeit und Unruhe müssen Sie rechtzeitig bemerken, sondern auch das Gegenteil davon. Abnorme Schläfrigkeit, Müdigkeit, die ersten Grade der Bewußtseinstrübung, die für bestimmte Erkrankungen charakteristisch sind. Sie dürfen diesen Zustand nicht erst bemerken, wenn die Kinder vorgehaltenen Gegenständen nicht mehr folgen, nicht mehr fixieren, sondern die ersten Anfänge müssen Ihnen klar werden. Ein leichter Verfall des Kindes (Kollaps) oder eine geringgradige Bewußtseinstrübung sind oft nur dann zu bemerken, wenn das Kind ruhig ist; so kommen Sie früher dazu, den Arzt aufmerksam zu machen, als dieser selbst die Feststellung machen kann, da das Kind durch die Untersuchung gewöhnlich erregt wird und lebhaft schreit. Sie müssen auch darauf achten, ob dies Bewußtsein des Kindes nicht etwa durch Auftreten von Krämpfen getrübt wird, die sich darin zeigen, daß der kleine Körper durch kurze Stöße erschüttert wird, die Augen hin und her rollen, die Lider geöffnet und wieder geschlossen werden. Der ganze Körper oder nur ein Teil — manchmal nur ein Beinchen oder ein Ärmchen — können von den Krämpfen befallen werden. Gerade deshalb, weil so ein Krampf ja nicht immer etwa Minuten und Stunden dauert, wobei er natürlich Ihrer Aufmerksamkeit nicht entgehen kann, sondern nur wenige Augenblicke, ist die Beachtung nötig. Auch müssen Sie feststellen, ob nicht etwa im Anschluß an das Schreien ein Stimmritzenkrampf eintritt, der vielen Kindern das Leben kostet, der aber rechtzeitig bemerkt dem Arzte Grund zu Maßregeln gibt, welche die Gefahr abwenden. Dieser Stimmritzenkrampf verläuft folgendermaßen: Gewöhnlich im Anschluß an einen Hustenstoß oder an einen Schrei bleibt plötzlich die Atmung weg, das Kind ringt nach Luft, streckt die Arme vor, verdreht die Augen, das Bewußtsein trübt sich oder schwindet. Plötzlich hört man einen lauten krähenden Ton, ein Zeichen, daß die Luft durch die bis dahin krampfhaft verschlossenen Stimmritze wieder entströmt. Dies kann sich mehrmals wiederholen, bis sich das regelmäßige Atmen wieder einstellt. Das Kind bleibt eine Zeitlang benommen, ist äußerst schlaff und matt. Nicht immer sind die Anzeichen so ausgeprägt. Es kommen auch leichte Anfälle vor, die sich oft nicht anders äußern als in einem gar nicht besonders auffallenden Krähen. Aber gerade dieses Krähen dürfen Sie nicht überhören, damit durch rechtzeitiges Eingreifen die schweren Anfälle verhindert werden.

Die fortlaufende Beobachtung eines Kindes ermöglicht Ihnen die Feststellung, ob das Kind zur normalen Zeit fixieren, den Kopf halten, sitzen und stehen lernt. Jede Abweichung vom normalen Zustand soll Sie veranlassen, einen Arzt um Rat zu fragen, denn, wenn auch manche Störung bedeutungslos sein und ohne ärztliches Zutun heilen kann, so kann Sie doch für die Unterlassung der Zuziehung eines Arztes schwere Verantwortung treffen; — denn Sie können der Störung niemals im Beginne ansehen, wie sie verlaufen wird. Aber Sie sollen im folgenden etwas darüber hören, wann Sie selbständig vorgehen können, ja sogar müssen.

Selbständiges Handeln von Mutter und Pflegerin.

Sollen Sie sich auch, wie aus dem vorhergehenden Abschnitt klar ersichtlich ist, darauf beschränken, vorzubeugen und durch genaue Beobachtung die Tätigkeit des Arztes zu erleichtern, so gibt es doch Zwischenfälle, in denen Sie, um eine Gefahr für das Kind zu vermeiden, selbständig handeln müssen. Dazu gehören vor allem gewisse Unglücksfälle, die allerdings überall dort vermieden werden können, wo die Aufsicht über das Kind eine strenge und sachgemäße ist. Fällt das Kind aus dem Bett oder von dem Wickeltisch, wird dabei bewußtlos, dann müssen Sie das Kind sofort entkleiden, genau besichtigen, um eingetretene Veränderungen festzustellen, bis zum Eintreffen des Arztes das Kind ruhig lagern und ihm einen kalten Umschlag auf den Kopf legen. Ist durch den Unglücksfall eine Blutung eingetreten, so müssen Sie versuchen, diese durch Druck auf die blutende Stelle oder Abbindung des Gliedes oberhalb der blutenden Stelle zu stillen, eventuell solange den Druck ausüben, bis der Arzt gekommen ist. Bei Verbrennungen und Verbrühungen sollen Sie sofort die verbrannte Stelle mit einer Brandbinde oder einer Mischung von Leinöl und Kalkwasser bedecken. Sie müssen auch selbständig vorgehen, wenn Erstickungsgefahr besteht, das Kind aufhört zu atmen, wie das bei Neugeborenen, aber auch bei älteren Säuglingen im Verlaufe von Krämpfen, im Verlaufe des Stimmritzenkrampfes vorkommen kann. Will das Neugeborene aus irgendeinem Grunde nicht atmen, obschon das Herz noch durch sein Schlagen Leben verkündet, so muß Ihr erster Griff sein, mit einem Gazeläppchen den Mund von Schleim zu befreien und dann das Kind an den Beinen hochzuheben, damit die in Rachen und Luftröhre befindliche Flüssigkeit ablaufen kann. Die eigentlichen Belebungsmittel bestehen erstens im Hautreizen, zweitens in künstlicher Atmung. Die einfachsten Reize sind kräftige Schläge auf das Gesäß, Anblasen des Gesichtes sowie Anspritzen mit kaltem Wasser, Reiben des Rückens mit einem Tuche und Kitzeln der Nase mit einer Feder. In vielen Fällen wird dadurch schon kräftiges Schreien und damit die Atmung ausgelöst. Starke Reize stellen dar: Übergießen mit kaltem Wasser oder Eintauchen bis an den Hals in einen Eimer kalten Wassers, aber nur für einen Moment, und anschließend warmes Bad. Dieses Verfahren kann mehrmals wiederholt werden. Gelingt auf diese Weise die Wieder-belebung scheintoter Kinder[1] nicht, so können Sie dazu übergehen, die künstliche Atmung durchzuführen. Sie machen das folgendermaßen:

Sie legen das Kind lang ausgestreckt mit dem Rücken auf einen Tisch, die Füße sich zugekehrt. Dann umfassen Sie mit vollen Händen den Brustkorb, wobei ihre Handwurzeln unterhalb des Rippenbogens, also auf den seitlichen Partien des Bauches liegen, und pressen nun in regel-mäßigem Rhythmus ihre Hände vorsichtig zusammen und lassen sogleich wieder los. Die Atmungsbewegungen sollen etwa doppelt so oft erfolgen wie Ihre eigenen, aber nicht häufiger. Es wird dabei nicht nur der kind-liche Brustkorb, sondern auch die Bauchpresse die Luft aus den Lungen herauspressen, die beim Loslassen wieder nachgesogen wird.

Die Wiederbelebung dieser scheintoten Kinder dauert oft sehr lange, manchmal Stunden. Sie müssen mit Ihren Bemühungen unermüdlich fortfahren und dürfen, wenn keine Lebenszeichen auftreten, erst bei An-kunft eines Arztes aufhören.

Diese künstliche Atmung müssen Sie, wie schon bemerkt, auch dann anwenden, wenn das Kind im Verlaufe von Krämpfen aufhört zu atmen oder wenn frühgeborene Kinder, wie das in den ersten Tagen häufiger vorkommt, plötzlich blau werden, sich ihre Atmung verflacht, ferner, wenn durch Stimmritzenkrämpfe die Atmung vollständig aufhört. Beim Stimmritzenkrampf werden Sie auch alle die Reize zur Anwendung bringen, die vorher genannt sind, und können auch versuchen, den Krampf

---

[1] Scheintote Kinder sehen entweder blaurot aus, machen ganz leichte oder plötzliche seltene Atembewegungen (sog. blauroter Scheintod, Asphyxie), oder sie sehen leichenblaß aus, zeigen gar keine Atmung (sog. bleicher Scheintod).

dadurch zu lösen, daß Sie den Zungenboden mit dem Finger nieder-
drücken.

Tritt in Abwesenheit des Arztes ein Kollaps eines kranken Kindes
ein, dann müssen Sie unter Umständen sogar dem Kinde eine belebende
Spritze geben, d. h. eine Ihnen vom Arzte in die Hand gegebene Arzneilösung unter die Haut einspitzen. Es sei auf S. 81 verwiesen.

Stellen Sie bei dem von Ihnen gepflegten Kinde hohes Fieber über
40° fest, unter dem es anscheinend schwer leidet, dann können Sie vor
Eintreffen des Arztes in vorsichtiger Weise eine Packung machen oder
ein abkühlendes Bad geben. Jedoch Voraussetzung für diese Handlung
ist, daß es sich um ein kräftiges, durch die Krankheit noch nicht geschwächtes
Kind handelt. Ferner haben Sie die Pflicht, ein fieberndes Kind sofort
von anderen Kindern abzusondern, denn es kann sich um den Beginn
einer ansteckenden Krankheit handeln. Sofortige Isolierung ist auch
zweckmäßig, wenn ein Kind plötzlich anfängt zu erbrechen. Beginnt das
von Ihnen gepflegte Kind Zeichen einer Darmerkrankung zu zeigen,
Durchfall oder Erbrechen, so setzen Sie sofort die Milch aus und geben
bis zum Eintreffen des Arztes, aber keinesfalls länger als 24 Stunden,
mit Saccharin gesüßten dünnen schwarzen oder Fencheltee oder abgekochtes Wasser in beliebiger Menge, evtl. mit Saccharin gesüßt (eine
Tablette Saccharin zu 0,05 auf 200 g Flüssigkeit). Wenn das Kind jede
Flüssigkeitsaufnahme verweigert oder alles erbricht, so tun Sie gut, ihm
bis zur Ankunft des Arztes nach Verabfolgung eines einmaligen Reini-
gungseinlaufes einen solchen mit physiologischer Kochsalzlösung (7,5 g
Kochsalz in einem Liter Wasser gelöst) zu geben. Sie lassen 2—3mal
täglich kleine Mengen bis zu 150 ccm langsam einlaufen. Es muß Ihnen
gelingen, nach 24 Stunden den Arzt zu erreichen, der dann wiederum
eine zweckmäßige Ernährung einleiten wird. Es wäre ganz verfehlt von
Ihnen, wenn Sie nach dieser Behandlungsweise auf eigene Faust das
Kind mit einer Nährmischung oder irgendeinem Präparat zu ernähren
beginnen würden.

Sie müssen sich andererseits vor jeder Vielgeschäftigkeit hüten, wenn
sich das Kind beim Spielen in Nase oder Ohr einen Gegenstand gesteckt
hat. Sie dürfen auf keinen Fall Versuche anstellen, mit Ihrem Finger
oder einem Instrument die Gegenstände wieder zu entfernen, vielmehr
schleunigst den Arzt aufsuchen. Das gleiche gilt, wenn Ihnen beim Messen
das Unglück passiert ist, daß Sie das Endstück des Thermometers ab-
gebrochen haben, das im Mastdarm steckenbleibt. Sie dürfen auch nicht
etwa ein Abführmittel geben, wenn Sie Grund zu der Annahme haben,
daß das Kind irgendeinen Gegenstand verschluckt hat.

Heilnahrungen.

Bei der Ernährung kranker Säuglinge, insbesondere von Säuglingen, die im Gewicht nicht zunehmen oder abnehmen bzw. einen Durchfall haben, kommen auch noch andere Nährmischungen in Frage als die Ihnen bei der künstlichen Ernährung genannten. Sie haben sich durchaus nach der ärztlichen Vorschrift zu richten, die Ihnen über die Menge und Beschaffenheit der zu verabfolgenden Mischungen genaue Angaben machen wird. Sie werden unter den Verordnungen zur Heilung von Verdauungskrankheiten bestimmte Nährmischungen öfter genannt hören, wie Buttermilch, Molke, Malzsuppe, Buttermehlnahrung, Eiweißmilch, und deswegen glaube ich, wenn Sie auch diese Nährmischungen niemals selbständig anwenden dürfen, einige erklärende Worte dazu sagen zu sollen. Wenn Sie Vollmilch zentrifugieren bzw. abfahnen lassen, so scheidet sich die Sahne und die Magermilch. Sowohl Sahne als auch Magermilch können nach Vorschrift des Arztes bei der Säuglingsernährung Verwendung finden. Die Sahne unterscheidet sich von der Vollmilch dadurch, daß sie nicht wie diese nur 3% Fett enthält, sondern vielmehr 10, 12, über 20%; die Magermilch hingegen enthält viel weniger als 3% Fett, oft nur $\frac{1}{2}$% oder noch weniger. Wenn Sie die Sahne säuern lassen und aus der sauren Sahne die Butter ausschleudern, so bleibt zurück die Buttermilch, eine Heilnahrung, welche viel Verwendung findet. Buttermilch ist also nichts anderes als eine saure Nährmischung, in der der Käsestoff durch die Säuerung geronnen ist, der Milchzucker zum Teil vergoren ist, der Fettgehalt stark vermindert ist. Als Heilnahrung kommt natürlich nur eine Buttermilch in Frage, welche ganz einwandfrei gewonnen ist. Sie dürfen niemals aus einem beliebigen Laden eine solche beziehen. Um als Heilnahrung verwendet zu werden, wird der Buttermilch gewöhnlich noch eine gewisse Menge Mehl und Zucker zugesetzt. Die Menge bestimmt der Arzt. Die Buttermilch ist auch als Konserve im Handel. Sehr gut hat sich ein Trockenbuttermilchpräparat, das sogenannte Eledon, bewährt. Die sogenannte „Eiweißmilch" ist nichts anderes als eine auf die Hälfte verdünnte Buttermilch, in die Eiweiß und Fett von einem Liter Vollmilch hineingepreßt ist. Sie wird vor ihrer Anwendung als Heilnahrung beim Säugling mit Mehl und Zucker versetzt. Auch die Eiweißmilch finden Sie als Konserve im Handel. Es kann auch zur verdünnten Milch ein Eiweißpräparat zugesetzt werden, von denen mehrere (Plasmon, Larosan, Nutrose) im Handel sind, um eine der Eiweißmilch ähnliche Heilnahrung herzustellen. Zu einer besonderen Heilnahrung wird auch eine Milchverdünnung dadurch, daß statt des gewöhnlichen Kochzuckers Malzsuppenextrakt zugesetzt wird. Es entstehen dann die sogenannten Malzsuppen. Wird zur verdünnten Milch, z. B. zu einer $\frac{1}{2}$= oder $\frac{2}{5}$=Milch Butter und Mehl zugesetzt in Form einer sogenannten Mehlschwitze, entstehen die sogenannten Buttermehlsuppen, die auf ärztliche Verordnung zur Ernährung nicht gedeihender Säuglinge Anwendung finden können.

Endlich sei noch erwähnt, daß auch Molke zur Ernährung kranker Kinder vorübergehend Anwendung finden kann. Sie wird folgendermaßen hergestellt:

Ein Liter rohe Vollmilch wird mit 1—2 Teelöffel Simons Labessenz auf dem Wasserbade nicht über 40 Grad erhitzt. Nach dem Dickwerden der Milch wird der Käse in einem Haarsieb abgeschüttet und dabei die Molke durchgegossen. Statt Labessenz kann auch ein anderes im Handel befindliches Labpräparat, B. z. Pegnin angewandt werden: 10 g Pegnin werden in 1 Liter Milch gut verrührt. Die Milch gerinnt bei einer Temperatur von 40 Grad in kurzer Zeit; dann wird wie oben verfahren.

Sie ist also eine Flüssigkeit, welche keine Käsestoffe und kein Fett enthält, hingegen die Salze der Milch und den Milchzucker.

Es ist lediglich Zweck dieser Ausführungen Sie über die von Ihnen sicherlich oft gehörten Begriffe aufzuklären, nicht aber, Ihnen Anweisung zu geben, wie und wann Sie die genannten Mischungen verwenden sollen. Sie haben sich hier durchaus nach den Vorschriften des Arztes zu richten, denn jede einzelne Mischung hat ihre ganz besondere Verwendungsart.

Ausführung einiger wichtiger Handgriffe und ärztlicher Verordnungen.

Händewaschen: Das Händewaschen geschieht mit warmem Wasser, Seife und Bürste unter mehrmaligem Abspülen. Die Nägel sind zu beschneiden, mit einem Nagelreiniger zu säubern und zu bürsten. Die Hände werden unter leicht massierenden Bewegungen gründlich abgetrocknet. Vor jedem chirurgischen Eingriff wird die Händewaschung verschärft, indem man 5 Minuten mit warmem Wasser, Seife und Bürste wäscht, Nägel beschneidet und bürstet, 3 Minuten wieder wäscht, mit sterilem Handtuch abtrocknet, 5 Minuten in 96prozentigem Alkohol und dann 3 Minuten in Sublimat bürstet.

An= und Ablegen des Mantels. Der Mantel muß beim Anlegen hinten vollkommen geschlossen sein und wird beim Ablegen so aufgehängt, daß die linke Seite nach innen kommt.

Um- und Abbinden der Maske: Bei Anwendung einer Maske zur Verhütung der Tröpfcheninfektion bei Erkrankungen der Atmungsorgane sind Nase und Mund zu bedecken. Nach Gebrauch ist die Maske auf die mit einem Zeichen (Kreuz, Name) versehene Innenseite zusammenzufalten und in einem besonderen Tuche aufzubewahren.

Haltung des Kindes zur ärztlichen Untersuchung: Das zu untersuchende Kind wird entkleidet, gesäubert und im Bett auf eine frische Unterlage gelegt.

Beschäftigen Sie das Kind möglichst und lenken Sie dadurch seine Aufmerksamkeit von der Untersuchung ab. Vermeiden Sie eine Behinderung des Arztes durch die Arme und Beine des Kindes. Achten Sie darauf, daß das Kind immer gut atmen kann und stets eine gerade Lage einnimmt. Halten Sie es aber nicht wie in einem Schraubstock fest, denn, in seiner Bewegungsfreiheit behindert, wird es unruhig und sträubt sich so gegen die Untersuchung. Die hauptsächlichsten Untersuchungsarten erfolgen entweder in liegender oder sitzender Stellung im Bett oder außerhalb des Bettes und richten sich nach den Wünschen des Arztes.

Die Untersuchung im Bett: Nach Untersuchung der Brustseite wird das Kind in Bauchlage gedreht, die Arme des Kindes liegen gekreuzt unter der Brust. Die Pflegerin hält ihre ausgebreiteten Hände unter den Brustkorb des Kindes. Der Kopf des Kindes liegt auf dem unteren Teil der Unterarme der Pflegerin. Nase und Mund des Kindes müssen frei sein. Bei der Untersuchung in sitzender Stellung faßt die Pflegerin die Hände des Kindes mit Daumen und Zeigefinger, ergreift den Kopf mit den übrigen Fingern, und streckt durch sanftes Emporziehen des Kopfes den Rücken des Kindes.

Die Untersuchung außerhalb des Bettes: Die Pflegerin steckt sich den Zipfel einer sauberen Windel möglichst weit nach hinten in das Halsloch ihres Kleides. Dadurch sind ihre linke Schulter, Brustseite und linker Unterarm bedeckt. Das Kind wird auf die Mitte des linken Unterarms, die Brust der Pflegerin zugewandt, gesetzt; die linke Hand der Pflegerin umfaßt dabei das Gesäß des Kindes, die rechte Hand hält durch Anlehnen des Kopfes an die linke (gleichseitige) Schulter das Kind in gerader Stellung. Die Arme des Kindes werden dabei möglichst mitgefaßt und müssen sich in gleicher Höhe befinden.

Beim Wechseln der Stellung zur Untersuchung der Brustseite gibt die Pflegerin für einen Augenblick das Kind dem Arzt und läßt es sich dann, den Hinterkopf an ihre Schulter gelehnt, unter Beachtung derselben Stellung auf den Arm setzen. Bei der Untersuchung und bei

Eingriffen am Kopf, im Hals, an den Ohren, Augen, an der Nase ist es besonders bei ungebärdigen Säuglingen oft nötig, diese bis an den Hals fest in ein Laken einzuwickeln und mit den Knien und einem Arm festzuhalten.

Besichtigung des Halses: Im Bett oder auf dem Arm einer anderen. Die linke Hand auf dem Kopf des Kindes, mit der rechten Hand den Spatel — Metall-, Horn-, Glas-, Holz-, — mittels Schreibfedergriffs fassend, führt die Pflegerin, etwas seitwärts vom Kind stehend, vom Mundwinkel aus bei gutem Licht den Spatel — bei ungleichen Spatelenden die schmale Seite — ein und drückt den Zungengrund herunter.

Temperaturmessung: Die Temperatur wird im Mastdarm mittels eines Maximalthermometers in Seiten- oder Rückenlage des Kindes bestimmt. Der Quecksilberfaden wird durch Schleuderbewegungen unter 35,6, zur Messung elender Kinder noch tiefer heruntergedrückt.

Die linke Hand der Pflegerin hält das am besten auf der Seite liegende, der Pflegerin zugekehrte Kind während der Messung zugedeckt an dem im Hüftgelenk gebeugten Oberschenkeln und am Rücken fest und zieht gleichzeitig die Gesäßfalte bis zum Sichtbarwerden der Schleimhaut mit Daumen und Zeigefinger auseinander. Die rechte Hand führt dann das mit Wasser abgespülte, an der Spitze etwas eingefettete Thermometer bis über das Quecksilbergefäß — etwa 3 cm tief — genau in der Längsachse des Körpers in den Mastdarm ein. Wenn die Quecksilbersäule bei wiederholtem Nachsehen — meist nach 5 Minuten — nicht mehr steigt, so ist die Messung beendet. Die Temperatur wird abgelesen, das Thermometer aus dem Darm herausgezogen, und der mit Stuhlgang beschmutzte After mit einem Watte-, Jute- oder Zellstoffstück gereinigt; das Thermometer wird dann durch einen Windelzipfel hindurchgezogen, mit einem kleinen, mit desinfizierender Lösung getränktem Stück Watte oder Zellstoff oder Jute abgeputzt und in sein mit desinfizierender Lösung gefülltes, an der Kuppe mit Watte ausgepolstertes Standgefäß zurückgestellt, oder wie meist im Privathaus, in seine Hülse zurückgelegt. Nach Waschung der Hände notiert die Pflegerin die Temperatur und trägt sie am besten in eine Kurve ein. Bei der Messung in Rückenlage hält die linke Hand der Pflegerin die Füße des Kindes mittels Zangengriffes bei Beugung der Beine im Hüftgelenk und gleichzeitig den Rumpf fest, während die rechte Hand das Thermometer in die durch die Haltung auseinandergezogene Gesäßfalte einführt. Sonst ist die Messung die gleiche wie in Seitenlage. Um das Abbrechen des Thermometers zu vermeiden, halte die Pflegerin das Kind nicht starr fest, sondern folge möglichst seinen Bewegungen. Bei gutem Aufpassen wird dieser Unglücksfall kaum eintreten. Jedenfalls darf die Pflegerin niemals irgendwelche Versuche machen, das abgebrochene Stück aus dem Mastdarm herauszuziehen; sie muß sofort einen Arzt benachrichtigen und bis zu seinem Eintreffen die Gesäßfalte spreizen, um eine Einklemmung des abgebrochenen Thermometers und Verletzung der Darmwand zu verhüten.

Zählen von Atmung und Puls soll möglichst während des Schlafens geschehen, da bei der geringsten Erregung Unregelmäßigkeiten auftreten können.

Auffangen von Urin: Geschieht am besten durch das Einbinden einer flachen Schüssel — möglichst Emailleschüssel — in die Windellage oder durch das Vorlegen eines sogenannten Erlmeyerkölbchens oder eines Reagenzröhrchens vor die Harnröhrenöffnung. Diese Maßnahme muß im praktischen Dienste erlernt werden.

Auffangen von Erbrochenem: Das Kind liegt mit erhöhtem Oberkörper auf der Seite und hat zur Stütze ein Sandkissen im Rücken. Wasserdichter Stoff schützt vor Durchnässung. Die zur Aufnahme des Erbrochenen bestimmte Schale wird etwas tiefer als der Kopf des Kindes gelagert.

Gemessen wird das Erbrochene in einem Meßzylinder.

Anlegen eines Nabelpflasters: Die Pflegerin drückt in Rückenlage des Kindes mit dem linken Zeigefinger den herausgetretenen Nabel mit einem der Größe des Nabels entsprechenden Stück Watte ein, schiebt mit dem linken 3. Finger und Daumen von beiden Seiten die Bauchhaut über den Nabelbruch zusammen und zieht das am linken Rippenbogen mit der rechten Hand befestigte 3—4 cm breite Pflaster kräftig über die in der linken Hand gehaltene Hautfalte bis zum rechten Rippenbogen hinweg.

Anlegen von Armmanschetten: Ein durch Einweichen in Wasser rundes gebogenes und wieder getrocknetes, mit Watte umwickeltes, der Größe des Armes entsprechendes Pappestück oder ein mit Watte umwickelter Heftdeckel werden bis zur Mitte des Oberarms und bis zum 2. Drittel des Unterarms angelegt. Der untere Rand der Jackenärmel wird über die Manschette hinübergezogen und dann das Ganze mit einer Binde befestigt.

Anlegen einer Ekzemmaske: In ein der Gesichtsgröße des Kindes entsprechendes Stück frisch gewaschener, alter Leinwand werden für Augen, Nase und Mund hinreichend große Öffnungen geschnitten. Die dann mit der ärztlich verschriebenen Salbe bestrichene Maske wird nach oben bis zur Haargrenze, beiderseits bis zur Grenze des Ohrdeckels nach unten bis über das Kinn hinweg dem Gesichte des Kindes glatt angelegt und mit Bindentouren um den Kopf befestigt. Nach ärztlicher Vorschrift wird das Schädeldach ebenfalls mit einem entsprechend vorbereiteten Stück Leinwand bedeckt und durch die Bindentouren mit der Maske zusammen festgelegt. Wenn die Salbe dazu bestimmt war, eingetrocknete Borken aufzuweichen, um sie zu entfernen, so kann nach 12 Stunden der Kopf mit Seife (am besten grüner Seife) abgewaschen und mit einem Staubkamm abgekämmt werden.

Bei Ungeziefer (Läuse) wird eine sogenannte Sabadyllessigkappe angelegt. Watte oder Tupfermull werden in die Flüssigkeit getaucht, ausgedrückt und gut auf den Kopf (Haare locker auseinandergenommen) gelegt. Darüber wasserdichter Stoff und Binde (Kopfverband). Am Morgen wird der Kopf gründlich mit grüner Seife gewaschen und gekämmt. Die Kappe wird verbrannt. Vorsicht ist geboten, da Sabadyllessig giftig ist.

Klystiere: Vor dem Gebrauch sind die in den Darm einzuführenden Ansätze zu kontrollieren, damit nicht durch scharfe Ecken die zarte Schleimhaut des Darms, besonders bei unverhofften Bewegungen des Kindes, verletzt wird. Stets ist in den Darm ein weiches Gummirohr einzuführen.

Mit der Spritze: abführende Klystiere: In einer auf ihre Dichtigkeit nach bekannter Art zu prüfende, ungefähr 100 ccm fassende Hartgummispritze werden ungefähr 50 ccm körperwarmen Kamillenaufguß oder lauwarmen Wassers — bei ziemlich hartnäckigen Fällen von Verstopfung warmen Olivenöls — aufgezogen.

Das Kind liegt in Rücken- oder Seitenlage auf einer wasserdichten Unterlage. Während die Pflegerin mit ihrer linken Hand die Gesäßfalte des Kindes spreizt, führt sie mit ihrer rechten Hand ein mit Vaselin oder Öl bestrichenes, etwa 2 Finger langes Darmrohr 10 cm weit vorsichtig in den Darm ein, setzt die Spritze auf und entleert sie unter leichtem Druck. Dann werden Spritze und Darmrohr unter Zusammendrücken der Gesäßfalten langsam aus dem Darm herausgezogen und die Gesäßbacken weiter so lange zusammengedrückt gehalten, bis das Pressen des Kindes aufgehört hat.

Ernährende und medikamentöse Klystiere: Dem Nährklystier hat ein Reinigungsklystier mit lauwarmem Wasser vorauszugehen. Das Becken des Kindes ist durch eine mit einem Leder geschützte Rolle mäßig hoch zu lagern. Die Einlaufflüssigkeit wird vom Arzte bestimmt (physiologische Kochsalzlösung s. S. 67); die Ausführung ist die gleiche wie bei dem abführenden Klystier.

Mit der Ballonspritze: Die Anwendung einer Ballonspritze ist nur bei abführenden, kleineren Einläufen zu empfehlen. Bei Vorhandensein eines harten Auslaufrohres an der Spritze ist über dieses ebenfalls ein weiches Gummirohr zu ziehen. Die einzuspritzende Flüssigkeit beträgt 30—50 ccm, sonst ist die Ausführung die gleiche wie bei dem abführenden Klystier.

Mit dem Irrigator oder mit dem Trichter und Schlauch, in Anwendung bei allen Klystieren je nach Gewohnheit: Der Irrigator (Gefäß, Schlauch, Glaszwischenstück, Darmrohr) wird nach der bekannten Art gefüllt und in das Darmrohr eingeführt. Ist statt des Glaszwischenstücks nur ein Hartgummizwischenstück mit verstellbarem Hahn vorhanden, so ist der Stellhahn nur vorsichtig langsam aufzudrehen.

Darmspülung (meist ausgeführt mit Trichter und Schlauch): Die Pflegerin hat eine Gummischürze vorgebunden. Das mit dem Oberkörper zugedeckte, mit Strümpfen versehene Kind liegt in Rückenlage quer entweder im Bett oder auf dem Wickeltisch. Eine wasserdichte Unterlage, unter das Gesäß des Kindes geschoben, hängt zum Ablaufen des Spülwassers in einem Eimer. Das Kind wird mit an den Bauch angezogenen Oberschenkeln und gebeugten Knien gehalten. Nach dem etwa 10 cm weiten, unter Drehbewegungen erfolgenden Einführen der eingefetteten weichen Sonde in den Darm wird der mit der Spülflüssigkeit gefüllte Trichter (2—300 ccm lauwarmen Wassers oder Kamillenaufgusses) nach Entfernung der Luft aus dem Schlauche mit der Darmsonde verbunden. Stößt die Pflegerin schon bei Einführen der Darmsonde auf ein Hindernis (Schleimhautfalte, Kotballen), so hat sie die Spülflüssigkeit schon während des Einführens der Sonde laufen zu lassen. Die Druckhöhe soll im allgemeinen nicht mehr als etwa 1 m betragen und richtet sich in ihrer Regulierung nach dem stärkeren oder schwächeren Pressen des Kindes. Nach Einfließen der Spülflüssigkeit wird der Trichter langsam gesenkt, bis die Spülflüssigkeit mit Darminhalt in den darunter stehenden Eimer gelaufen ist. Die Spülung wird wiederholt, bis das abfließende Spülwasser klar ist.

Magenspülung bzw. Ausheberung findet im Bett, auf dem Wickeltisch oder bei größeren und sich sträubenden Kindern auf dem Schoße der Pflegerin (s. Untersuchung S. 70) statt. Das Kind ist in ein Laken und zum Schutze gegen Durchnässung in einen darüber liegenden Gummistoff eingeschlagen, dessen unterer Rand in einen am Boden stehenden Eimer hängt.

Die Pflegerin hat einen Trichter, einen 1 m langen Gummischlauch mit spitz auslaufendem Glasverbindungsstück, eine 6—8 cm starke Magensonde, körperwarme vom Arzt bestimmte Spülflüssigkeit in einem möglichst graduierten Gefäß und ein Auffangegefäß vorbereitet. Die Ausführung der Spülung ist Sache des Arztes.

Lagerung bei Erkrankung der Atmungsorgane. Der Oberkörper des Kindes ist durch eine stellbare Rückenlehne oder durch eine Fußbank in bekannter Weise hochgelagert. Unterhalb der Schulterblätter wird in der Gegend der mittleren bis unteren Brustwirbelsäule ein zusammengerolltes Kissen oder eine zusammengerollte Windel untergeschoben. Dadurch werden das Einsinken des Kopfes zwischen die Schulterblätter und die dadurch hervorgerufene Behinderung der Atmung vermieden. Um ein Herunterrutschen des Körpers zu verhindern, wird in die Kniekehlen eine dünne Rolle aus zusammengelegten Windeln eingeschoben.

Das Kind liegt möglichst auf der kranken Seite; die Lage ist jedoch häufig zu wechseln. Das Kind ist viel herumzutragen; ferner ist auch zwischen Bauchlage, seitlich liegender oder sitzender Stellung auf dem Arm der Pflegerin abzuwechseln.

Lagerung bei Ausfluß aus den Augen bzw. aus den Ohren: Das Kind liegt auf der Seite des kranken Auges bzw. Ohres. Das aufgelegte bzw. eingeführte Gazestück ist häufig zu wechseln. Bei Wundsein der Ohrmuschel durch erbrochene Massen wird das Kind auf die Seite des gesunden Ohres gelagert.

Anwendung von Wärmekrügen (Weißbierflaschen): Vor Gebrauch hat die Pflegerin sich von der Dichtigkeit der Flasche zu überzeugen. Sie stellt dazu die mit heißem, nicht mit kochendem Wasser bis zu $^3/_4$ des Inhalts gefüllte und mit Patentverschluß versehene Flasche auf den Kopf und beobachtet, ob sie dicht hält. Es sind Fälle von gräßlichen Verbrennungen bekannt, wobei ein Glied amputiert werden mußte, da das Kleine zu schwach war, um selbständig Händchen und Füßchen wegziehen zu können. Die Wärmeflasche wird mit einer aus dickem, wollenem Stoff bestehenden Hülle versehen oder mit einer Windel umwickelt und so ins Bett gelegt, daß der Verschluß kopfwärts liegt und das in der Mitte des Bettes lagernde Molton zwischen Kind und Wärmeflasche zu liegen kommt. Bei Anwendung von mehreren Wärmeflaschen zu gleicher Zeit werden diese zu beiden Seiten des Kindes, an den Füßen und am Kopf gelagert. Die Wärme hält sich ungefähr $1^1/_2$—2 Stunden. Bei mehreren Flaschen hat die Erneuerung hintereinander stattzufinden.

Die verschiedenen Arten der Packungen und Umschläge: Die Wasserbehandlung. Vom Wasser wird heutzutage bei der Krankenbehandlung der ausgiebigste Gebrauch gemacht. Das Vöglein, das am Teichesrand mit seinen Flügeln plätschert, das Tier, das seine Wunde im Flusse kühlt, mußten uns nach langer wasserscheuer Zeit den richtigen Weg weisen. Jetzt haben zahlreiche Gelehrte die Wirkung des kalten und warmen Wassers auf die Haut und die Organe genau studiert. So wohltätig jene Wirkung bei richtiger Anwendung ist, so schädlich kann ihre unvernünftige Handhabung werden, wie sie sich beispielsweise der Laie aus den Büchern der sog. „Naturheilkunde" zurechtlegt. Selbst die geübteste Pflegerin hat bei genauer Befolgung der ärztlichen Vorschriften so viel zu bedenken, so sehr die Wirkung auf den kranken Körper zu über=wachen, daß man sagen kann: die Wasseranwendung ist eins der segens=reichsten, aber auch eins der schwierigsten Kapitel in der Krankenpflege.

In Krankheitsfällen sind Bäder der verschiedensten Temperatur=abstufungen und Zeitdauer möglich, je nach dem Zweck, der erreicht werden soll. Fragen Sie den Arzt jedesmal genau nach den Einzelheiten. Beobachten Sie während und nach der Ausführung sorgfältig Allgemein=befinden, Hautfarbe und Puls, damit Sie ausführlich über die Wirkung berichten können.

Der feuchtwarme hydropathische Umschlag: Man breitet auf dem Bett oder Wickeltisch ein Flanell= oder wollenes Tuch, darüber ein Stück wasserdichten Stoffs (Guttapercha, Billrothbatist oder dgl.) aus. Darüber breite man ohne Falten ein 4fach zusammengelegtes, in kühles (stubenwarmes) Wasser getauchtes und wieder gut ausgedrücktes, nicht mehr tropfendes Tuch aus, lege das Kind mit dem erkrankten Körperteil darauf, schlage nach beiden Seiten nicht zu fest über und befestige mit den am Flanelltuch angehefteten Bändern. Das Stück wasserdichten Stoffs muß das feuchte Tuch um 3 Finger breit überragen. Der Um=schlag bleibt 3—4 Stunden, oft auch länger liegen.

Unter dem wasserdichten Abschluß bildet sich infolge der Körper=temperatur alsbald eine warme Dunstschicht, welche die Hautgefäße er=weitert und damit viel Blut in die Oberfläche des umwickelten Gebietes lenkt. Dadurch werden Schmerzen gelindert, Krankheitsstoffe aufgesaugt und die Heilung gefördert. Gleichzeitig wird auch den tieferen Organen Blut entzogen, was ebenfalls vielfach erstrebt wird. Wegen der starken Erwärmung und ungenügenden Verdunstung ist dieser Umschlag bei hohem Fieber nicht empfehlenswert.

Er ist wegen der manchmal bei längerem Gebrauch eintretenden Erweichung der Haut nicht so zu empfehlen wie der Prießnitz=Um=schlag. Wird bei den feuchtwarmen Umschlägen der undurchlässige Stoff fortgelassen, so entsteht der Prießnitz=Umschlag. Die Art des Anlegens ist die gleiche. Die Wirkung dieses Umschlages ist ähnlich der des feucht=warmen Umschlages, indem zuerst durch Zusammenziehung der Haut=gefäße eine Wärmeentziehung eintritt, wobei das Blut nach dem Innern fließt, und dann bei Erweiterung der Blutgefäße eine Wärmeerzeugung, wobei das Blut wieder nach außen strömt.

Zu diesen Umschlägen, deren Anwendung am besten im praktischen Dienst erlernt wird, werden meist besonders zugeschnittene Stücke Stoffs gebraucht. Beim Abnehmen der Umschläge wird der Körperteil, auf dem sie gelegen haben, in weitem Umfange mit Schwämmen, Wattestücken oder Kompressen, die in kühlem (22°) oder lauem Wasser stark ausgedrückt sind, schnell abgewischt. Sodann wird die Stelle leicht gerieben und mit einem warmen Tuch oder warmer Watte bedeckt. Nach dem Abnehmen sollen sich die Umschläge heiß anfühlen, womöglich dampfen. Werden die Umschläge längere Zeit angewendet, so muß die Haut bei jedesmaligem Wechsel sauber mit lauwarmem Wasser gewaschen und möglichst eingefettet werden, damit nicht Geschwüre entstehen.

Breiumschlag: Leinsamenmehl oder Hafergrütze werden zu einem dicken Brei gekocht (2 Eßlöffel auf einen halben Liter Wasser) und in ein sackartig zusammengelegtes Tuch eingeschlagen, zu einem Umschlag geformt. Das Ganze wird mit einem wollenen Wickel befestigt.

Man richtet sich am besten 2—3 solcher Umschläge her und tauscht einen kühl gewordenen gegen einen über kochendem Wasser in einem zugedeckten Sieb oder in einem sogenannten Kataplasmawärmer erhitzten aus. Die Haut ist durch Öleinreibung vor Verbrennung zu schützen. Die Erneuerung erfolgt etwa alle Stunde (feuchte Wärme).

Trockene Wärme stellt man sich am besten durch Anwendung von heißen Sandsäcken her.

Abkühlungspackungen:

Ganzpackung. Auf einer großen wollenen Decke werden zwei in Wasser von etwa 23° getauchte, gutausgerungene große Windeln glatt ausgebreitet, und zwar so, daß die kopfwärts liegende die über ihr liegende fußwärts gelegene um ungefähr 10 cm überragt. Die letztere wird unter den Armen hindurch um das nackte Kind herumgeschlagen — die Arme fest über der Windel dem Körper angelegt — und sodann wird die kopfwärts liegende Windel über den Schultern bis zum Halse um das Kind gewickelt und die Wolldecke fest herumgeschlagen. Gegen das unangenehme Reiben der Wolldecke am Kinn wird ein trockenes weiches Leinentuch untergelegt. Bei schwächlichen Säuglingen, die schon an sich kalte Glieder haben, werden diese nicht mit eingepackt.

Die Packung bewährt sich besonders bei hochfieberhaften Krankheiten; sie soll so rasch als möglich vor sich gehen, ihre Dauer 10—30 Minuten betragen. Sie wird meist mehrmals hintereinander wiederholt, und am zweckmäßigsten bereitet man sich dazu eine zweite Stofflage sofort vor.

Teilpackung: Die Stofflage — Wollbecke, Leinentuch — wird den bestimmten Körpergegenden (Brust, Arm, Kopf u. a.) angepaßt vorbereitet. Die Packung wird wie oben angegeben ausgeführt.

Auf folgendes ist besonders zu achten: Der kalte Wickel erfüllt nur dann seinen Zweck, wenn der Kranke nach den anfänglichen Kälteschrecken sich nach einigen Minuten darin wohlfühlt, wenn die anfangs zusammengezogenen Hautgefäße sich wieder erweitern, die Haut sich rötet, und in diesem Zustande das Blut abgekühlt werden kann. Fröstelt der Patient jedoch, und bleibt seine Haut sehr blaß, oder wird sie gar bläulich, so ist er sofort herauszunehmen, da das nicht abgekühlte Blut sich im Körperinnern staut und sich noch mehr erhitzt.

Die Packung ist nur auf ärztliche Verordnung hin auszuführen und es ist dabei ständige aufmerksame Beobachtung erforderlich. Nach Abnehmen der Packung ist wie bei den Umschlägen zu verfahren.

Erwärmende Packung: Auf einer wollenen Decke wird ein in warmes Wasser getauchtes, gut ausgerungenes, nicht tropfendes Laken glatt gelegt; dann wird das entkleidete Kind darin eingehüllt und in ein angewärmtes Bett gelegt.

Die Packung ist möglichst alle Viertelstunde eine Stunde lang bis zur Feststellung normaler Körpertemperatur zu erneuern.

Schwitzpackung: Bei längerem Liegenlassen der abkühlenden Packungen wirken diese schweißtreibend als Schwitzpackung. Man kann die Schwitzpackung auch folgendermaßen vornehmen:

Nach einem kurzen heißen Bade von einer Temperatur bis zu 40° Celsius wird das Kind in ein in das Badewasser getauchtes und gut ausgedrücktes, nicht mehr tropfendes Laken gewickelt und in einer wollenen Decke in ein mit Wärmflaschen gewärmtes Bett gelegt. (Siehe S. 75.) Der Hals wird durch ein Leinentuch gegen das Reiben der Wollbecke geschützt. Dann wird das Kind gut zugedeckt und bekommt möglichst heißen saccharingesüßten Tee zu trinken. Die Dauer dieser Packung richtet sich je nach ihrer Wirkung und soll vom Augenblick des Schweißausbruches nicht mehr als eine Stunde betragen. Nach Beendigung der Schwitzpackung muß das Kind gut frottiert bzw. mit Franzbranntwein abgerieben werden.

Senfpackung: 3—4 Hände voll möglichst frisch gemahlenen Senfmehls werden mit heißem, nicht kochendem Wasser zu einem Brei verrührt und mehrere Minuten zugedeckt stehengelassen, bis der Senfbunst „beißend" aufsteigt.

Verzögert sich das Entstehen der Senfdämpfe, so kann man einige Tropfen Essig oder Essigsäure zur Beschleunigung in den Senfmehlbrei gießen. Einfacher ist die Verwendung von Senföl. 3—4 Tropfen Senföl werden unter ständigem Rühren zu je 100 g heißen Wassers hinzugefügt. (Vorsicht mit dem Senföl, da es eine stark ätzende Wirkung hat.)

Vorher legt man sich eine wollene Decke, darauf ein Kinderlaken, darauf ein der Größe des Kindes entsprechendes Stück wasserdichten Stoffs (Billrothbatist, Mosettig) am besten auf einem Wickeltisch oder einem Bett zurecht.

In zwei in warmes Wasser getauchte, ausgerungene und mit dem noch warmen Senfbrei in mäßig dicker Lage bestrichene, respektive in das Senföl-Wasser getauchte und gut ausgerungene Windeln wird das vorher entkleidete Kind, wie bei der Ganzpackung S. 77 beschrieben, eingeschlagen und in die vorher zurechtgelegten Decken bis zum Halse eingehüllt.

Wunde Stellen sind vorher mit Salbenläppchen zu bedecken; die Geschlechtsteile bei kleinen Mädchen durch Tupfer zu schützen, die Ohren mit Watte zu verstopfen. Um den Hals wird ein in lauwarmes Wasser getauchtes und ausgerungenes Tuch gelegt. Man läßt das Kind so lange in dieser Packung liegen, bis man sich durch Abheben überzeugt hat, daß die Haut rot geworden ist, reinigt es in einem gewöhnlichen warmen Bade von den ihm anhaftenden Senfteilchen und läßt es — in ein Badetuch gewickelt — unter Anwendung von Wärmflaschen im Bett nachschwitzen. Die Packung darf nur auf Anraten des Arztes und möglichst in seiner Gegenwart gemacht werden.

Senfwickel: Der Senfbrei wird wie vorher angerührt, heiß als dicker Brei zwischen 2 Mullwindeln ausgestrichen und eingewickelt. Das Ganze wird wie ein gewöhnlicher feuchtwarmer Umschlag dem Kinde auf den bestimmten Körperteil gelegt. Die Dauer des Wickels geht bis zur Rötung der Haut. Nach Abnahme ist die Haut mit lauwarmem Wasser abzuwaschen und leicht einzufetten. Auch der Senfwickel darf nur auf Anraten des Arztes und möglichst in seiner Gegenwart gemacht werden.

Medizinische Bäder: Vorausschicken wollen wir, daß die Zusammensetzung und Zeitdauer aller dieser Bäder in jedem einzelnen Falle vom Arzte zu bestimmen sind.

Salzbäder: Auf ein Säuglingsbad von 50 Liter gibt man Seesalz oder Staßfurtersalz in steigenden Mengen bis zu einem Pfund. Hautreizungen sind sofort dem Arzte zu melden.

Kleiebad: 1 Pfund Weizenkleie wird in einem Leinenbeutel mit einem Liter Wasser eine halbe Stunde gekocht, dann wird der Beutel in ein Bad von etwa 38° gehängt. Das Bad ist gebrauchsfertig, wenn das Wasser sämig ist und die Temperatur, wie bei jedem Bade, 35° beträgt.

Kamillenbad: ½ Pfund Badekamillen werden mit 2—3 Liter Wasser 10 Minuten gebrüht, durchgeseiht und dann wird das Kamillenwasser einem gewöhnlichen Bade zugesetzt, oder die Badekamillen werden in einem Beutel mit kochendem Wasser übergossen, nach 10 Minuten wird das Kamillenwasser dem Bade zugesetzt und der Beutel im Bade ausgedrückt.

Eichenrindenbad: 1 Pfund Eichenrinde wird mit einigen Litern Wasser 2 Stunden gekocht, durchgeseiht und die Brühe dem Bade zugesetzt.

Tanninbad: 50 g werden dem Bade zugesetzt.

Alaunbad: 20 g werden dem Bade zugesetzt.

Schwefelbad: 20 g Schwefelleber werden in einem Tassenkopf warmen Wassers aufgelöst und dann dem Bade zugesetzt. Keine Metallwanne, sondern Holzwanne.

Übermangansaures Kalibad: Von einer starken wässerigen Lösung der schwarzroten Kristalle (1—2%) wird bis zur rosaroten Färbung dem Badewasser zugesetzt.

Abgußbad: Das entkleidete Kind wird mit durch Watte verstopften Ohren in ein gewöhnliches Bad gesetzt, das man durch Hinzufügen von heißem Wasser vom Fußende aus auf eine Temperatur von 40° Celsius erwärmt. Nach kräftigem Reiben der Haut wird das Kind aus dem Wasser herausgehoben und ihm möglichst von einer zweiten, der ersten gegenüberstehenden Pflegerin ein kalter Guß von etwa ½ Liter Wasser über die Brust verabfolgt. Durch Vorhalten ihrer rechten Hand vor den Mund des Kindes schützt die erste Pflegerin das Kind vor dem Wasserschlucken. Nach wiederholtem Reiben der Haut und tüchtigem Aufschreien wird das Kind wieder bis zum Halse untergetaucht, in Bauchlage gebracht und ebenso abgegossen. Ein dritter Abguß auf die Brust folgt dann wieder nach abermaligem Umdrehen. Nach erfolgtem Aufschreien und Untertauchen wird das Kind aus dem Bad herausgenommen, abgetrocknet, angezogen und ins Bett gelegt. Auf besondere ärztliche Verordnung kann das Kind noch im nassen Badetuch nachschwitzen. Frühgeburten, wenn sie sehr schwächlich sind, werden nicht abgegossen, sondern mit der in kaltes Wasser getauchten Hand der Pflegerin abgespritzt.

Schmierseifeneinreibung: Ein haselnußgroßes Stück medikamentöser Schmierseife wird auf der vorgeschriebenen Stelle des Körpers etwa 10 Minuten lang mit der Hand bis zur Rötung der Haut verrieben. Der entstehende Schaum wird in einem Bade abgespült. Dauer und Häufigkeit der Einreibung bestimmt der Arzt, dem sofort starke Reizung der Haut zu melden ist.

Eingeben von Medikamenten: Feste oder pulverförmige Medikamente werden in wenig Flüssigkeit (Wasser, Milchmischung) gelöst bzw.

angerührt. Die schlecht schmeckenden werden mit Saccharin, Himbeersaft u. dgl. gesüßt.

Das Eingeben erfolgt mit möglichst geringer Menge Flüssigkeit mittels Löffel, Pipette, Schnabeltasse oder aus der Flasche bei mäßig erhöhtem Kopf, indem die Pflegerin durch Druck von Daumen und Zeigefinger den Mund des Kindes öffnet.

Einspritzungen von Arzneilösungen unter die Haut (subkutane Injektionen): möglichst nur auf Anordnung des Arztes mit einer 1 ccm-Spritze. Diese soll aus Glas mit Metallfassung bestehen und mit einem eingeschliffenen Metallkolben versehen sein. In neuester Zeit werden meist die sogenannten „Rekordspritzen" verwandt. Die einzelnen Teile und die möglichst feine Nadel — diese zur Vermeidung einer Verstopfung mit feinem Draht (Mandrin) — werden vor dem Gebrauch sterilisiert und mit desinfizierten Händen zusammengesetzt. Das Medikament wird aufgesogen, die in der Spritze noch vorhandene Luft durch Druck auf den Stempel herausgedrängt und die gewählte Hautstelle mit einem Desinfiziens gereinigt. Nach seitlicher Verschiebung der Haut erhebt die Pflegerin mit der linken Hand eine Hautfalte an der Streckseite der Arme oder der Beine, an der Brust, am Bauch, sticht in deren Längsrichtung zum Herzen zu schnell ohne zu bohren waagrecht ein und drückt mit der rechten Hand langsam den Inhalt heraus, wobei die linke Hand die Nadel an ihrem Ansatz festhält. Nach schnellem Herausziehen der Nadel wird die entstehende Quaddel mit einem kleinen Bausch Watte oder Gaze leicht verstrichen, die Stichöffnung mit einem kleinen Stückchen Gaze bedeckt und mit einem Pflaster verschlossen. Die wichtige Ausrechnung der einzuspritzenden Arzneilösung muß die Pflegerin gründlich im praktischen Dienst erlernen.

Kochvorschriften.

Schleim ist eine Abkochung von Getreidekörnern.

Haferschleim: Zu $\frac{1}{2}$ Liter Wasser werden 5 Teelöffel Haferflocken zugesetzt, 15—20 Minuten gekocht, der Schleim durch ein Sieb gerührt und mit abgekochtem Wasser wieder auf $\frac{1}{2}$ Liter aufgefüllt.

Reisschleim: Auf 1 Liter Wasser 6 Eßlöffel Reis, 2—3 Stunden kochen, durch ein Sieb geben und mit abgekochtem Wasser auf 1 Liter auffüllen.

Mehlabkochungen sind Abkochungen von Mehlarten.

Verwendet werden: Weizenmehl, Hafermehl, Roggenmehl, Kartoffelmehl, Reismehl, Maismehl, im Handel als Maizena und Mondamin.

Man verquirlt 2—3 Eßlöffel Mehl mit einer kleinen Menge kalten Wassers (etwa ½ Liter) und gibt die ganze Menge zu dem Rest des zum Kochen gebrachten Liter Wassers, läßt gegen 10 Minuten kochen, gießt durch ein Sieb und ersetzt die durch Kochen verdunstete Menge Wasser.

	Teelöffel	Kinderlöffel	Eßlöffel
	g	g	g
Haferflocken[1]	3	5	8
Hafergrütze	4	10	14
Graupen	5	11	19
Grieß	3	7	14
Reis	5	8	16
Weizenmehl	3	6	10
Hafermehl	3	6	10
Reismehl	4	11	17
Maismehl	3	6	10
Kochzucker	4	10	15
Milchzucker	3	8	12
Nährzucker	3	7	12

Brühgrieß (Anfangsbeikost): In ungefähr 200 ccm — einer mittleren Tasse — Fleischbrühe wird ein Eßlöffel Grieß = 14 g aufgekocht.

Fleischbrühe ist eine Abkochung von beliebiger Art Fleisch (Rind-, Kalbfleisch, Geflügel oder Knochen). In ½ Liter kalten Wassers werden ¼ Pfund Fleisch oder ¾ Pfund Knochen eine Stunde gekocht. Die Abkochung wird mit dem Löffel abgeschöpft und durch ein Sieb gegossen. Steht Fleischbrühe nicht zur Verfügung, so nimmt man statt dessen Gemüsewasser (½ Pfund Mohrrüben wird in 1 Liter Wasser ¾ Stunde lang gekocht) oder reines Wasser und fügt ein walnußgroßes Stück Butter und etwa eine Messerspitze Salz hinzu.

Milchgrießbrei: 2½ Eßlöffel = 35 g Grieß werden in 150 g Wasser 15 Minuten gekocht, dann ¼ Liter rohe Milch und 2 Teelöffel Zucker zugesetzt.

Die Mischung ist einmal aufzukochen.

Reisbrei: ¼ Pfund gewaschener Reis wird in ¼ Liter kochendes Wasser getan und 15 Minuten gekocht. Dann werden ¼ Liter Milch

---

[1] Zum Abwiegen der festen Substanzen dient eine sehr praktische, nach Art der Briefwaage konstruierte Waage nach Peiser, die bei M. Pech-Berlin bezogen werden kann.

Die oben angegebene Tabelle gibt einen ungefähren Anhalt für das im Haushalt gebräuchliche Abmessen mit Löffeln. Bezogen ist auf den gestrichenen Löffel.

und ein gehäufter Teelöffel Zucker zugesetzt und noch einmal 15 Minuten gekocht.

Zwiebackbrei: 3—4 Zwiebäcke (gewöhnlicher Zwieback, Friedrichs=dorfer=, Potsdamer=, Hohenlohe=, Opel= usw.) werden mit kochendem Wasser übergossen und durch ein Sieb durchgerührt. Auf besondere Ver=ordnung kann dem Brei Milch, Zucker oder Butter zugesetzt werden.

Kartoffelbrei: Kartoffeln dünn schälen, im Kartoffeldämpfer gar dämpfen, durch eine Presse drücken. 200 g Kartoffelbrei werden ganz heiß mit $1\frac{1}{2}$ Eßlöffel kochender Milch und 2 Teelöffeln Butter unter Schlagen einmal aufgekocht.

Apfelreis: 2 Eßlöffel Reis, 3 kleine Äpfel, werden mit einem Kinder=löffel Kochzucker und einer Prise Salz in einem halben Liter Wasser weich gekocht und durchgerührt.

Gemüse: Anfangs Spinat und Mohrrüben, später Blumenkohl, Erb=sen, grüner Salat, Rosenkohl, Schwarzwurzel, grüne Kohlrabi, Tomaten usw. Gemüse abputzen, kalt waschen, zerkleinern, mit zerlassener, aber nicht gebräunter Butter ansetzen. Dann so viel Wasser zusetzen, daß der Boden des Topfes gerade bedeckt ist und das Gemüse nicht anbrennt. Bei geschlossenem Deckel 15—20 Minuten weiterdämpfen.

Manche Gemüse, besonders Spinat, Mohrrüben und Erbsen, sind nach 15 Minuten gar. 250 g fertiges Gemüse werden durch ein Haarsieb ge=strichen, 1 Teelöffel Mehl und ein Eßlöffel Milch kalt angerührt und dem kochenden Gemüsebrei zugesetzt. Das Ganze noch einmal aufkochen lassen, etwas Zucker und 1 Teelöffel Butter zusetzen.

Obstsaft: Von frischen Beeren, Apfelsinen, Zitronen, Weintrauben usw. drückt man den Saft durch und gibt ihn teelöffelweise nach ärztlicher Verordnung. Man süße etwa 20 g mit $\frac{1}{4}$ Tablette Saccharin.

Tomatensaft: Man schneidet eine rohe Tomate durch und rührt ihr Fleisch durch ein Haarsieb. Zusatz von 2 Teelöffel Zucker, verrühren bis zum Schäumen.

Mohrrübensaft: 2 Pfund rohe Mohrrüben werden geputzt und durch ein Reibeisen gerieben. Der so entstandene Brei wird durch ein sauberes Tuch gepreßt. Man erhält 50 g Saft.

Rohes Apfelmus: Äpfel werden dünn geschält, nach Entfernung der Gehäuse auf einer Glasreibe zerrieben und etwas gezuckert.

Quark (weißer Käse): Man verrühre frischen weißen Käse mit Milch oder Sahne, streiche ihn dann durch ein Sieb und verfüttere ihn mit Obstsaft oder zerriebenem Zwieback und Zucker als Brei.

Tee: 1 Teelöffel = 5 g russischen oder Pfefferminztee übergießt man in einem Topf mit einem Liter kochenden Wassers, läßt ihn einige Minuten ziehen, bis die Farbe hellgelb ist, und gießt den Aufguß durch ein Sieb. Wird Fencheltee verwandt, so ist ein Eßlöffel Fenchelkörner auf 1 Liter Wasser zu nehmen, einige Minuten aufzukochen und ebenfalls durch ein Sieb zu gießen.

Gesüßt wird möglichst mit Saccharintabletten, auf einen Liter 4 Tabletten (à 0,05 Saccharin).

Statt Tee kann auch abgekochtes Wasser genommen werden.

Schlußbemerkung.

Zum Schluß eine Bitte: Sollte Ihnen beim Durchsehen dieses Bändchens etwas aufgefallen sein, bezüglich dessen Sie von Ihrem Arzt eine andere Angabe bekommen haben, so bedenken Sie, daß oft verschiedene Methoden das gleiche Ziel im Auge haben, und daß die örtlichen Verhältnisse und die verfügbaren Mittel nicht alles das auszuführen erlauben, was man gerne möchte. Vor allem aber lassen Sie sich nicht das Vertrauen zu Ihrem Arzte erschüttern!

Bedenken Sie ferner, daß Ihre Sorge für das Kind nicht mit dem Abschluß des Säuglingsalters erlöschen darf; Sie müssen auch späterhin der Ernährung, Pflege und Erziehung des Kindes die größte Aufmerksamkeit schenken. Die theoretischen Kenntnisse für diese Aufgabe können Sie sich aus dem Büchlein über „Ernährung und Pflege des älteren Kindes"[1] erwerben, das ich als Fortsetzung des vorliegenden Buches geschrieben habe.

---

[1] L. Langstein: Ernährung und Pflege des älteren Kindes (nach dem Säuglingsalter). Berlin: Max Hesses Verlag.

Sachverzeichnis.